新版 農業がわかると、社会のしくみが見えてくる

高校生からの
食と農の
経済学入門

生源寺眞一

家の光協会

もくじ

二限目 「先進国＝工業国、途上国＝農業国」は本当か？

三限目

自給率で食料事情は本当にわかるのか？

装　　丁／高橋弘将（HIGH DESIGN）
イラスト／喜屋武稔
ＤＴＰ／天龍社

ホームルームの時間　授業を始める前に

世界の食料市場、日本の農業と農村、そして毎日の食生活。この三つの場面が一挙につながったような気持ちになった。二〇〇七年から〇八年にかけてのことだ。世界の食料価格高騰《こうとう》のニュースが報じられ、日本でも食品の値上げが相次《あいつ》いだ。カップ麺《めん》などの小麦製品や納豆などの大豆食品が値上げ組の代表だった。

食の問題に対する社会の関心が急速に高まる中で、二〇〇八年の一月には、追い打ちをかけるようにショッキングな事件が明るみに出た。中国製冷凍ギョーザによる食中毒事件だ。食品の安全の確保が大きな話題となるきっかけになった。

このように食料と農業をめぐる大きなニュースが相次いで報じられた。その結果、世界の食料、日本の農業、毎日の食卓がつながったと感じたわけだ。

ところで、パソコンのキーをたたきながらこの原稿を書いているのは、二〇一七年の一二月。二〇一〇年の出版後かなり年月が経過したことから、古くなった統計データを新しいものに変えるなど、新版を作成することにしたからだ。

迷った点がある。それは、二〇〇七年から〇八年にかけての世界の食料価格の高騰について、今回もメインの話題として取りあげるかどうかだ。すでに一〇年前の出来事になったし、このところ世界の食料生産は順調で、穀物の価格も落ち着いて推移しているからだ。かなり迷ったわけだが、引き続きメインのテーマとすることに決めた。理由はふたつ。

ひとつは、近年の順調な食料生産には、天候に比較的恵まれていた幸運な面があることだ。できれば、あってほしくないことだが、二〇〇七年と〇八年のような不作が再来する可能性は否定できない。

もうひとつ、日常の生活に生じた異変をきっかけに、世界の食料や日本の農業に関心が高まったことは明らかだった。とくに若い君たちにとって、読書というかたちであっても、価格の高騰といった出来事を追体験することは、食料や農業について真剣に学ぶよいスタートラインになると思う。

そんなわけで二〇〇七年と〇八年の状況を、この新版でも引き続き重要な学びの素材にすることにした。

世界の食料、日本の農業、毎日の食卓がつながったと述べた。もちろん、突然つながったわけではない。もともと結びついていた。だから正確には、食料と農業の異変の報道がきっかけとなって、三つの場面のつながりがはっきり感じられるようになったということだね。少し気取って言えば、可視化《かしか》されたということ。象徴的な出来事を通じて、つながりがはっきり見えるようになったわけだ。

はっきり見えるとは言うものの、世界の食料、日本の農業、そして毎日の食生活のつながりはそう単純ではない。むしろ、非常に複雑なんだ。しかも、日々刻々と変化している。大きなトレンドとしての変化が生じているし、不順な天候による野菜の値上がりのように、予測困難な短期的な上下動も生じがちだ。

この本のねらいは、世界の食料、日本の農業、そして毎日の食生活のつながりを、授業形式で分かりやすく伝えることだ。一〇代後半の若い君たちに向けたメッセージのつもりで書き進めていく。予備知識をあまり持っていない読者を想定していることもあって、記述が細かくなりすぎないよう心がけるつもりだ。広い視野から問題の骨格を俯瞰《ふかん》すること、これがこの本のスタイルだ。

分かりやすく伝えると述べたが、中身のレベルを落としたわけではない。本書に含まれている内容のかなりの部分は、これまで大学の講義で取りあげてきたテーマと重なっている。したがってベースにあるのは、私自身の専門の経済学の考え方だ。違いがあるとすれば、やっかいな経済理論の解説には踏み込んでいないところかな。

大きくくくるならば、本書で取りあげる食料と農業の問題は社会科のテーマだ。社会科というと、なんとなく暗記科目という印象があるようだ。実を言うと、高校生の頃、私自身もそう思い込んでいた。今となってみれば、浅はかな誤解以外の何ものでもなかった。もし君たちにも誤解があるならば、解いておきたいものだ。この本で伝えたいことのひとつ、それは社会科に大切なのが明晰《めいせき》で論理的な思考力だということ。

この本を、私とのリラックスした対話のつもりで読んでもらいたい。ささやかな本書が案内役となることで、君たちの食料や農業に対する理解が確かなものとなり、食料と農業の奥行きの深さの発見につながることを願っている。それでは前置きはこのくらいにして、食料と農業をめぐる小さな旅に出発することにしよう。

スタートとなる一限目のテーマは、世界の食料問題だよ。

一限目

食料危機は本当にやってくるのか？

食料事情を左右する三大穀物と大豆

二〇〇七年から〇八年に発生した世界の食料価格の高騰《こうとう》については、幼いながら多少は記憶のある人がいるかもしれない。お母さんは間違いなく覚えている。カップ麺《めん》やパンの値上がりだ。

価格はそのままにして、中身の量を減らすことで実質的に値上げを行った食品メーカーもあった。納豆やお菓子なんかがそうだったね。こちらはマスコミが面白おかしく報道するまでは、気がつかない買い物客も多かったようだ。「スーパーにバターがなかった」。こんなニュースもテレビや新聞をにぎわせた。乳製品の国際相《そう》場《ば》も、ピーク時の二〇〇七年一一月には、価格が安定していた二年前の倍以上の水準となった。その影響がスーパーの売り場にも現れたわけだ。

しかし、世界を大きく揺り動かしたのは、なんといっても穀物《こくもつ》や大豆《だいず》の値上がりだ。価格が落ち着いていた〇六年一月を基準にとると、ピーク時の価格は小麦で四倍（〇八年二月）、トウモロコシで三・六倍（〇八年六月）、大豆で二・八倍（〇八年七年）に達した。いずれも史上最高の水準だった。

この三つの品目を追うように、コメの国際相場も三・五倍に急上昇した（〇八年五月）。これも過去最高。

世界の食料事情を考える場合、小麦・トウモロコシ・コメ・大豆の四品目に注目することが多い。このうち小麦・トウモロコシ・コメが三大穀物で、いずれもイネ科の植物の種子の部分を食べている。

穀物は人間の大切なカロリー源であるとともに、家畜《かちく》のエサにもなる。とくにトウモロコシは飼料として使われる割合が高い。例えば日本は二〇一六年に一四八八万トンのトウモロコシを輸入しているが、このうち一一四〇万トンは飼料用だった。

もっとも、飼料用のトウモロコシは、飼料に向くように品種改良《ひんしゅかいりょう》が行われていて、私たちにおなじみのスイートコーンに比べて粒が大きい。たぶん、スイートコーン

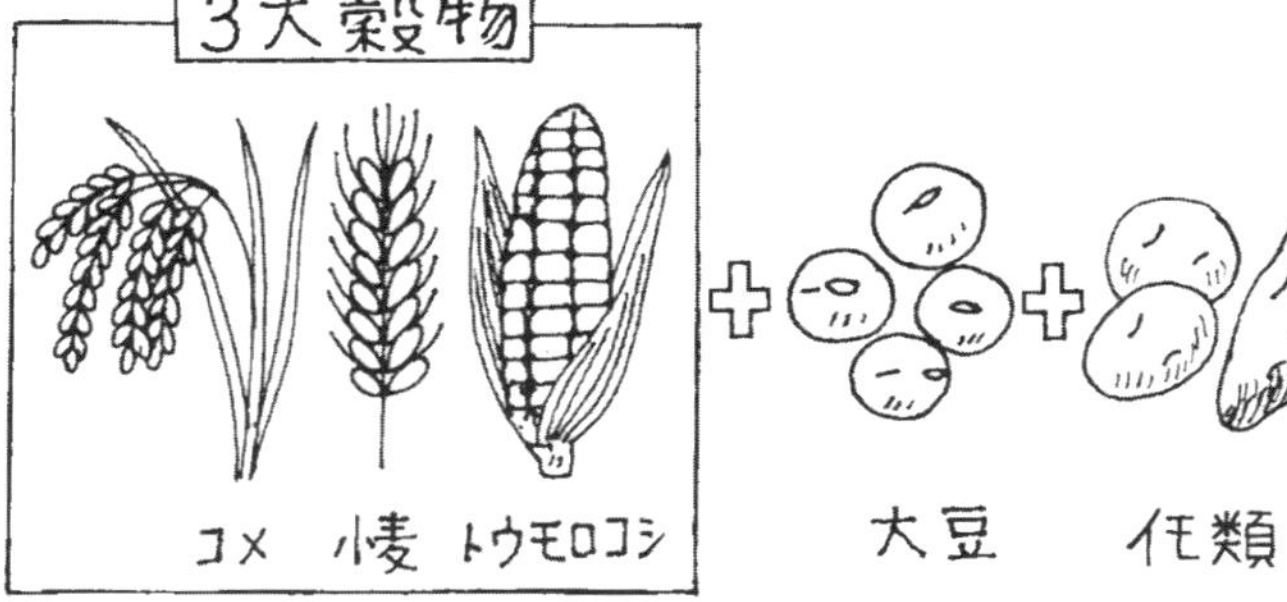

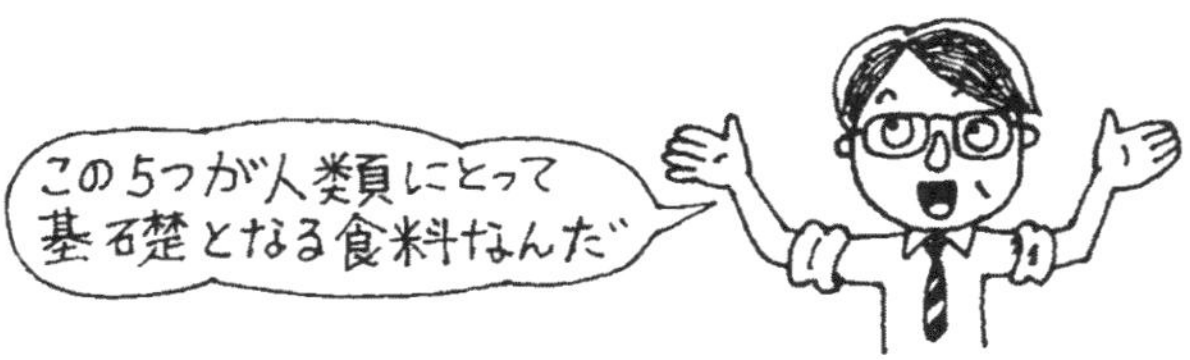

に慣れた君たちが食べても、あまりおいしくないのではないかな。私自身、エサ用のトウモロコシを食べた経験はないから、これは想像だけれども。

大豆は豆科の植物で、イネ科の三大穀物と並ぶ重要な食料だ。君たちの毎日の食生活の中でも、大豆を食べる機会はけっこう多いはずだ。納豆も大豆から作るし、エダマメも若い大豆をゆでたものだ。豆の原形はとどめていないけれども、豆腐の原料が大豆であることも知っているね。

けれども、大豆の最大の用途は搾油《さくゆ》、

つまり食用の油を搾《しぼ》りとることなんだ。二〇一五年度に日本国内で消費された大豆三三八万トンのうち、六七％は搾油用だった。日本だけではないよ。世界の大豆の九割近くが油を搾るために使われている。

大豆の役割は油の原料にとどまらない。というのは、油を搾ったあとに残るカスには栄養分がたくさん含まれていて、飼料の原料として高い価値があるからだ。カスなどと言っては失礼だね。

世界の大豆の九割近くが搾油用に使われると述べたが、同時に栄養に富んだ飼料も生産しているわけだ。ということで、大豆には食卓に並ぶ大豆食品の素材であるとともに、植物油の原料と家畜飼料の原料としての顔もある。だから、三大穀物と並ぶ基礎的な食料として注目されるわけだ。

小麦・トウモロコシ・コメ・大豆の生産量は、表1のとおりだ。三大穀物の世界全体の生産量は三〇億トン弱といったところ。さらに大豆が三億トン。表にはイモ類の生産量も示されている。八億トンを超えている。イモは価格

表1　基礎的な食料の生産量（2014年）

（単位:千万トン）

	穀物計	小麦	コメ	トウモロコシ	大豆	イモ類
アジア	133.9	32.0	66.7	30.4	2.6	36.0
アフリカ	18.9	2.6	3.1	7.8	0.2	27.5
ヨーロッパ	52.9	24.9	0.5	12.9	0.9	12.5
北中アメリカ	53.8	8.8	1.3	40.1	11.3	3.3
南アメリカ	18.5	1.9	2.5	12.6	15.6	4.8
オセアニア	4.0	2.6	0.1	0.1	0.0	0.4
世界計	282.0	72.8	74.2	103.9	30.6	84.5

注）「FAOSTAT」による。穀物計は小麦・コメ・トウモロコシ以外の穀物も含む。

の動きについて話題になることは少ないが、カロリー源としては重要な食料だ。したがって、三大穀物、大豆、それにイモ類が人類の基礎的な食料というわけだ。

世界全体で見ると、小麦とコメの生産量にあまり差がない点が面白い。ただし、コメには地域差がある。なんといってもアジアが圧倒的だね。大豆の生産国にも偏《かたよ》りがある。北米のアメリカ合衆国と南米のブラジル、アルゼンチンが大豆の三大生産国だ。アフリカではイモ類の比率が高いことも確認できるね。

「食料」と「食糧」

これから食料価格の高騰について考えてみるわけだが、その前にひとつだけ寄り道をしておこう。それは「食料」と「食糧」の違いについてだ。

ここまで「食料」という文字を使ってきたが、君たちは「食糧」という漢字も知っているね。新聞や雑誌の見出しで「食糧危機」や「食糧安全保障」といった刺激的な表現を目にすることもあるはずだ。

では、「食料」と「食糧」はどう違うのか。答えは、三大穀物やそのほかのさまざまな穀物、大豆、それにイモ類、つまり基礎的な食料には「食糧」が使われ、これに野菜、果物、畜産物、魚介類などを加えたすべての食べ物を包括《ほうかつ》する言葉として「食料」があるということだ。「食糧」は「食料」の一部、つまり部分集合だね。だから、穀物を「食料」と表現してもかまわないが、果物や肉に「食糧」を使うべきではない。本書では、前後の文脈からどんな食べ物について考えているかが分かるようにしたうえで、表記は「食料」に統一することにした。

何が食料価格高騰の原因か

二〇〇七年・〇八年の食料価格の高騰はマスコミも大きく取りあげた。なかには明日にも食料危機が到来すると言わんばかりの過熱報道もあった。派手なキャッチコピーで目を引こうという手合《てあ》いには、君たちも用心したほうがいいね。それに食料の値段が上がる現象自体は珍しいことではない。

食料生産は天候に左右される宿命を避けられないし、不作で品薄《しなうす》になれば価格は上昇する。これが市場経済の原則だ。現に、二〇〇八年がピークの食料価格高騰の引き金は、前二カ年のオーストラリアの干《かん》ばつによる小麦の連続不作であり、これに二〇〇七年のヨーロッパの天候不順が重なった。

それ以前にも一〇年に一回ぐらいの頻度《ひんど》で、食料価格の高騰が生じている。けれども、二〇〇七年と〇八年の事態には過去にはなかった要素が含まれていた。ひとつは価格の上げ幅が尋常《じんじょう》ではなかったことだ。過去最高の水準を記録したことは、この授業の冒頭に紹介したとおりだ。

基礎的な食料のような生活の必需品は、供給量の変化に対して価格が大きく振れる傾向を持つ。これを経済学では「需要の価格弾力性《かかくだんりょくせい》が小さい」と表現する。高校の政治・経済を深く学んだ人は知っているかもしれない。

必需品だから、足りなくなりそうになれば、誰もが目の色を変えて買いに走る。価格が急上昇するわけだ。逆に豊作《ほうさく》の場合、誰も余分にたくさん買おうとはしないから、価格は暴落ということになる。ある量はどうしても確保したいが、余分にあってもかえって持てあましてしまう。これが必需品の性質だ。

ところが、二〇〇七年から〇八年の値上がりは、こうした通常の需要と供給のバランスだけでは説明がつかないほどの大きさで生じたんだ。不作が引き金となった点では過去のケースと似ているが、値上がりの幅が尋常ではなかった。なぜか。

三つの要因が指摘されている。

ひとつは投機《とうき》資金が食料市場に大量に流れ込んだことだ。品物自体を手に入れるためではなく、買った価格よりも高く売ることで儲《もう》けようとする。これが投機だ。

何かのきっかけでいったん価格が上昇に転じたとする。そうすると、それがいっそうの価格上昇の予想を生むことがある。チャンスとばかりに買い注文が殺到《さっとう》することで、実際に価格が上がる。それがいっそうの上昇予想につながる。一種の循環

的なメカニズムが現れるわけだ。予想の自己実現と言ってもよい。今回の食料価格の高騰についても、こうしたメカニズムが作用した面があったようだ。

過去になかった要因の第二は、農産物がエネルギー資源として使われるようになったことだ。具体的にはトウモロコシがバイオ燃料用に仕向けられることで、価格の上昇に弾みがついた。

もっとも、農産物を燃料用に使うこと自体は、ブラジルのサトウキビなどで早くから行われている。新しい現象ではない。今回の特徴は、農業大国アメリカの当時のジョージ・W・ブッシュ大統領が、国をあげてバイオエタノールの生産に取り組むことを高らかにうたいあげたことだ。それで、トウモロコシ市場の加熱ぶりに拍車がかかった。

トウモロコシの市況《しきょう》はほかの食料市場にも波及する。ふたつのルートがある。ひとつは、不足するトウモロコシ、例えばエサ用のトウモロコシを別の穀物で補う動きが現れることだ。これは、不足分を補う役割を果たす側の穀物の需要を押し上げ、その穀物の価格上昇を招くことになる。

もうひとつは、増産のためにトウモロコシ畑の面積が広がることで、他の作物の作付《さくつけ》面積が減ることだ。面積の減った作物の市場では品薄感が強まり、価格の上昇を招く。このようなふたつのルートで、種類の異なる食料の市場は互いに影響を与えあっている。

そして過去になかった第三の要因、それは一〇を超える国が小麦やコメの輸出を禁止する措置《そち》をとったことだ。二〇〇八年八月の時点で輸出禁止措置を講《こう》じた国は一二カ国に達した。これも価格高騰に拍車をかけた。

コメについて見ると、インドネシア・インド・バングラデシュ・ネパールといったアジアの国のほか、ブラジルやエジプトも禁輸《きんゆ》措置をとった。さらに、大産地である中国やベトナムが輸出品から税金を徴収するなどの手段で、コメの輸出にブレーキをかけたことも見逃せない。

過去にも、価格の上昇に伴って農産物の輸出を規制する国はあった。けれども、本格的な輸出禁止措置は、一九七三年にアメリカが大豆の輸出を禁止して以来のことだった。しかも二〇〇八年のケースでは一〇を超える国に及んでいる。

尋常ではない。尋常ではないけれども、輸出禁止という行動がとられた点に世界の食料問題を理解するさいのポイントがある。もう少し準備したうえで、その理由を三限目の授業で考えてみたい。それまで輸出禁止のことを記憶にとどめておいてほしい。

楽観論が後退した食料の見通し

世界の食料市場は落ち着きを取り戻している。マスコミの過熱した報道も影を潜めた。けれども、喉元《のどもと》過ぎれば熱さ忘れるでは困る。落ち着きが戻った今だからこそ、冷静に考えてみる必要がある。五年先、一〇年先、そして三〇年先の食料のことを。

もっとも、世界の食料の見通しは悲観論と楽観論に割れている。議論もけっこうにぎやかだ。『世界食料危機』や『食料逼迫《ひっぱく》』と題した本がある一方で、『「食糧危機」をあおってはいけない』などという本もある。いずれも二〇〇九年に出版された。

そういうわけだから、最初に専門家のあいだで比較的コンセンサス（合意）が得られている見通しを紹介し、そのうえで私自身の考え方も述べるという段取りでいくことにする。

不安定性が増すことは間違いない。二〇〇七年・〇八年の極端な価格高騰の要因となった投機資金の流入や食料輸出の規制は、これからも価格の変動幅を拡大する作用を持つはずだ。

バイオ燃料については、今後の見通し自体に不安定なところがある。食べられる農産物を燃料用に使うことは好ましくないとの議論もあるからだ。それに元大統領のブッシュさんのケースもそうだったが、国の政策のアナウンスがさまざまな思惑《おもわく》を呼び起こし、投機資金とあいまって、市場の攪乱《かくらん》要因として作用することも想定しておく必要がある。

不安定な気象も懸念《けねん》材料だ。二〇〇六年・〇七年のオーストラリアの連続干ばつは、過去に例のない異常な現象だった。さらに地球温暖化による気象変動の拡大を懸念する声もある。

振れが大きくなるとの見通しの中で、中長期のトレンド（傾向）はどうなるのだろう。たまたま二〇〇七年のことだったが、ＵＳＤＡ（アメリカ農務省）による予測とＯＥＣＤ（経済協力開発機構）・ＦＡＯ（国連食糧農業機関）の共同予測が相《あい》次いで公表された。今後の食料の需要と供給、それに価格の推移を予測したものだ。日本でも農林水産政策研究所が二〇〇九年と二〇一〇年に独自の予測を発表している。

ＯＥＣＤは先進国のシンクタンクの役割を果たしている機関で、現在の加盟国は三五。日本は一九六四年に加盟したが、これで先進国の仲間入りというわけだ。さまざまな分野でレポートを公表しており、農業政策の分野でも注目された例がある。とくに二〇〇一年の農業の多面的機能についてのレポートは、作成に日本人が大きく貢献しており、日本語版も刊行されている。農業の多面的機能については、五限目の授業で取り上げるよ。

話を元に戻そう。問題の食料需給予測の中身だが、ＵＳＤＡとＯＥＣＤ・ＦＡＯのどちらも、当時の異常な価格高騰は沈静化するものの、価格はそれ以前に比べれば高止《たかど》まり、ないしはいくぶん上昇すると見込んでいたんだ。農林水産政策研究所の予測も、全体としてじわりじわりと価格が上昇すると見通していた。つまり、どの予測も食料需給が引き締まる傾向にあると見ていた。ただし、だからと言って、劇的に食料需給が逼迫《ひっぱく》する事態が予測されていたわけではない。慌《あわ》てる必要はないといったところだね。

興味深いのは、以前の予測とは様変わりしたことだ。実は今から二五年ほど前にも、世界銀行などの国際機関やＵＳＤＡなどが将来予測を相次いで公表した。当時は日本の農林水産省の予測をほとんど唯一の例外として、おしなべて価格の低下を見込んでいた。

当時の代表的な予測として一九九四年のＵＳＤＡの結果を振り返ると、一九九〇-九二年を一〇〇として二〇〇五年の小麦の価格を六三と見通していた。価格は四割近く下がる。つまり、相当に供給過剰気味になるという予測だった。

それが二〇〇七年の予測では、緩やかにではあるものの、需給が引き締まるとの

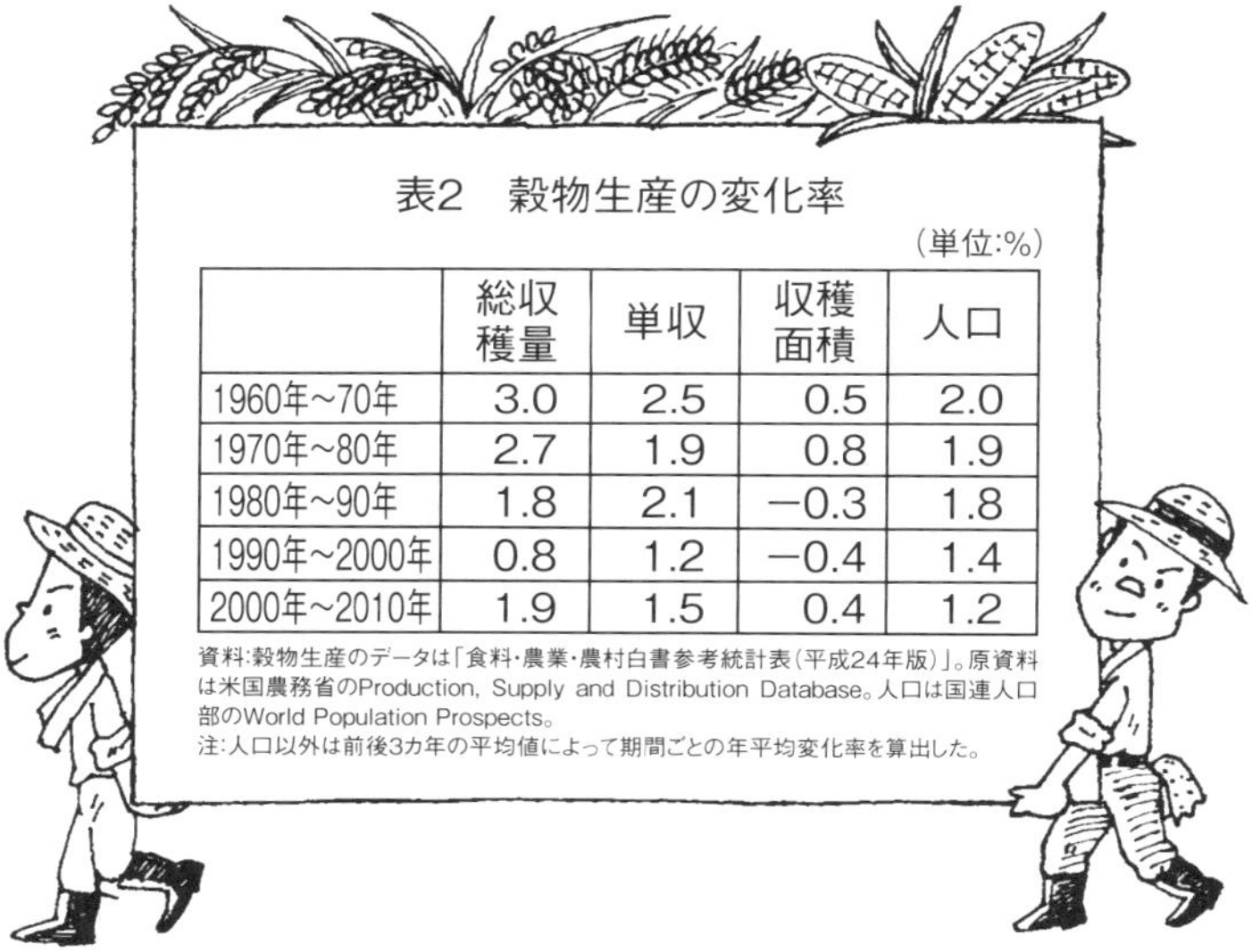

表2　穀物生産の変化率

（単位:%）

	総収穫量	単収	収穫面積	人口
1960年～70年	3.0	2.5	0.5	2.0
1970年～80年	2.7	1.9	0.8	1.9
1980年～90年	1.8	2.1	−0.3	1.8
1990年～2000年	0.8	1.2	−0.4	1.4
2000年～2010年	1.9	1.5	0.4	1.2

資料:穀物生産のデータは「食料・農業・農村白書参考統計表（平成24年版）」。原資料は米国農務省のProduction, Supply and Distribution Database。人口は国連人口部のWorld Population Prospects。
注:人口以外は前後3カ年の平均値によって期間ごとの年平均変化率を算出した。

見方に変わった。悲観論に転じたわけではないが、もはや手放しの楽観論というわけにはいかないといったところ。英語に cautiously optimistic という言い回しがあるが、そんな心構えが求められているわけだ。用心しながら前向きに。

伸び悩んでいた穀物の収穫量

世界の食料需給の予測は、何百本、ときには何千本もの方程式を用いて、供給側と需要側の数多くの要素を考慮して推計される。計量経済《けいりょうけいざい》モデルと呼ばれる手法だ。もちろん、コンピュータなしには実行不可能。数多くの要素が地域別・品目別に考慮されるわけだが、供給面では作付面積と面積当たりの収量《しゅうりょう》が決定的に重要であり、需要面では人口と所得水準の動向が強く影響する。

表2には、このうち穀物の生産量が過去にどれほどの率で変化してきたかを示している。

表には単収という表現があるが、これは単位面積当たり収量のこと。農業の関係者のあいだでよく使われる略語だ。つまり、穀物の総生産量は単収と収穫面積の積《せき》にほかならず、この場合、それぞれの変化率のあいだにはおおよそ、

総生産量の変化率＝単収の変化率＋収穫面積の変化率

という関係式が成立することが知られている。表には一九六〇年以降の五〇年につ

いて、三つの変化率が年率で示されている。関係式が成り立っていることが確かめられるよね。

この授業では面倒な理論には踏み込まないことにしているが、いまの関係式についてはひとことだけ触れておくよ。数学が嫌いでない人ならば、興味があるかもしれないからね。

三つの変数A、B、CのあいだにA＝B×Cという関係が成り立っているとき、A、B、Cの変化率のあいだにはおおよそ、

Aの変化率＝Bの変化率＋Cの変化率

という関係式が成立する。変数は四つでも、それ以上でもいい。例えばA＝B×C×Dであれば、

A の変化率＝B の変化率＋C の変化率＋D の変化率

となる。変化率の中にマイナスのものがあってもかまわない。減少率というわけだ。ということで、表2に戻ることにしよう。

この表から重要なことが分かる。まず、過去の穀物生産の増加は、もっぱら面積当たりの収量の増加によってもたらされていることだ。収穫面積は五〇年前からそれほど増えていない。一九八〇年から二〇〇〇年にかけては減少していた。

収穫面積について心配なのは、砂漠化の影響だ。一九九一年の調査報告書でやや古いが、国連環境計画は毎年五〇〇万ヘクタールの耕地が砂漠化で失われていると推計している。

五〇〇万ヘクタールと言われてもピンとこないよね。二〇一七年の日本の耕地面積は四四四万ヘクタールだった。これを上回る大変な面積が失われているわけなんだ。耕地の開発が追いつかない状態だと言ってよい。そういえば、ヘクタールもピンとこないかもしれないね。一辺一〇〇メートルの正方形の面積だ。

表2の穀物生産の増加率と人口増加率を比べてみよう。最初の二〇年間は穀物の伸びが人口増加をかなり上回っていたことが分かる。ということは、一人当たりの穀物生産は増えていたわけだ。ところが、そのあとの二〇年がいけない。人口の増加率も低下したが、それ以上に穀物の増加率が低下してしまった。とくに九〇年代は、収穫面積の減少もあるが、頼みの収量の伸び率が落ち込んだことが大きく影響している。

二〇〇〇年代に入ってやや持ち直しているが、今後を楽観視することは禁物だ。面積当たりの収量の伸びは、穀物の品種改良や水利《すいり》施設の整備などによって実現される。その効果がだんだん発揮されにくくなっている。サボっているわけではないよ。高い効果を期待できる領域の研究開発やインフラ整備が先行し、次第に難易度の高い分野に移行するとすれば、効果が徐々に低下したとしても不思議ではない。

先ほど、二〇〇七年に行われた代表的な需給予測が、価格のいくぶんの上昇を見込んでいることを紹介した。この見通しには、供給の大幅な増加が期待できないという判断が反映されている。つまり、供給側に大きな伸びが期待できなくなったことも、手放しで楽観できない将来予測となった要因のひとつというわけだ。

全体として食料増産への投資が不足していたとの指摘もある。例えば、二〇〇八年秋にＦＡＯの当時の事務局長のジャック・デュウフさんが来日したさいに「先進国の開発援助で農業投資に回るのは、一九八三年には一七％だったが、〇六年には三％にまで低下した」と発言している（『日本農業新聞』二〇〇八年九月三〇日）。

そのとおりだったと思う。なぜなら、二〇〇八年がピークの価格高騰に至るまでは、どちらかというと農産物は過剰気味だったからだ。だぶつき気味であれば、増産に向けた投資の意欲も湿りがちになって当然だ。この点については次回の授業でもう一度考えてみたい。

豊かになると穀物を食べなくなる

需要側に目を転じることにしよう。先ほど、需要面では人口と所得水準の動向が鍵だと述べた。人口が増えれば需要も増える。これは当然だね。所得水準の影響はどうか。過去の経験から、こちらも需要量を増やす方向に作用するとみて間違いない。

日本の食生活の変化がよいサンプルだ。過去六〇年のあいだにこの国の一人当たりの所得は実質で七倍以上に上昇した。「実質で」とは、物価の上昇分を差し引いたのちの所得の増加という意味だ。大変な経済成長だったわけだ。その結果、食生活も豊かになった。詳しくは、三限目の授業で取りあげるつもりだが、例えば肉の一人当たり消費量は、六〇年でなんと九・六倍に増加した。牛乳・乳製品は七・五倍、卵も四・五倍だ。

君たちは、消費量が何倍にも増えてからの食生活で育ったから、大きな変化と言われても、ピンとこないかもしれないね。だったら逆に、肉や乳製品や卵が今の九分の一、八分の一、四分の一になった食事を想像してごらん。

ところで、所得が増えても、毎日食べる穀物の量が増えるわけではない。所得があるレベルを超えると、むしろ減っていくのが普通だ。そのかわり、肉や卵や牛乳・乳製品の消費が増える。ただし、肉や卵や牛乳の生産にはエサがいる。エサの多くはトウモロコシをはじめとする穀物だ。つまり、所得水準が向上するにつれて、人間は穀物を間接的に消費するようになるわけだ。

肉や卵の生産にどれぐらいの穀物が使われるのかな。

日本の標準的な飼い方だと、牛肉一キロの生産にトウモロコシが一一キロ必要だ。豚肉は七キロ。ちょっと驚くのはニワトリで、鶏肉一キロにトウモロコシ四キロ、卵一キロにトウモロコシ三キロだ。四キロ食べて一キロ太る。大変な効率だね。それでも四対一だから、私たちが鶏肉を食べることで大量の穀物を間接的に消費して

いることに変わりはない。

世界の食料消費で注目されるのは、なんといっても中国とインドだ。どちらも本格的な経済成長の時代を迎えている。それに人口大国でもある。二〇一六年の中国とインドの人口は一三億八千万人と一三億人。合わせて世界の人口七四億三千万人の三六％だ。ここに食生活の変化が生じれば、穀物や大豆をはじめとして、食料の消費量は大きく増加する。

このように、人口大国の経済成長の見通しも、手放しで楽観できないとする食料需給の予測につながっている。すでに変化は生じている。例えば大豆。世界の貿易量の六割が中国に向かっている。

インドの食生活の推移も目が離せない。肉の消費はそれほど増えないという説もある。インドには菜食主義者が多いからだ。けれども、乳製品や卵の消費には大きく伸びる余地がある。

食料は単純な予測の問題ではない

さて、ここまで食料需給の予測を足がかりに世界の食料問題について概観《がいかん》してきた。一限目の授業を結ぶにあたって、矛盾すると思うかもしれないが、世界の食料問題が単純な予測の問題ではないことを強調しておきたい。

いくつもの方程式を用いて推計計算を行う複雑な仕事も、煎《せん》じ詰《つ》めれば、過去の推移を将来に向けて延長する作業にほかならない。先ほど紹介した世界の食料需給の見通しについても、生産の伸びが鈍くなってきたこと、人口大国で成長のエンジンが掛かりはじめたことなど、過去のトレンドが将来に投影された結果、少し気を引き締めたほうがよいとの予測が導かれたわけだ。

警告としてきちんと耳を傾ける必要がある。けれども、人間も、人間の織りなす社会も、過去のトレンドの延長だけで生きているわけではない。おかしなところがあれば改めるように力を尽くすべきだし、未知の領域に挑戦することもあってよい。君たちだって、たまには昨日までとは違う自分を意識することがあるはずだ。もちろん、そう簡単に変身できるわけではないだろうけれど。

世界の食料をめぐる問題についても、過去の趨勢《すうせい》から抜け出せないところに歯がゆさがある。トレンドを変えることができないだろうか。とくに前世紀の終盤に減速を経験した穀物生産のトレンドには、安定した右肩上がりを期待したい。この願いは地球社会全体で共有できると思う。

ところが食べる側の事情については、良いと考えられる方向に進むことで、かえって問題を難しくしてしまう関係がある。

貧しい国の貧しい人々の食生活が改善されることは、人間社会の福祉の向上という点で望ましいことだ。なにも飽食《ほうしょく》ざんまいになる必要はない。そうなっては体にも良くない。ほどほどの量の肉や卵や乳製品が毎日の食事に加わることでよい。それでもって、発展途上国の人々が貧しい食生活から解放されるわけだ。

そのために必要なのはなによりも所得水準の向上だ。購買力の不足こそが貧しい食生活の原因だからだ。この所得水準の改善という点で重要な役割を果たしているのが、途上国に対する国際協力だ。

国際協力の現場では、貧困に伴う栄養失調や衛生問題などへの対処に日々忙殺《ほうさつ》されながらも、問題の発生源である貧困そのものの克服を目指している。若い君たちにも関係の深い取り組みとしては、青年海外協力隊の派遣がある。私の勤務した大学にも青年海外協力隊の経験を積んだ若者がいた。

ともあれ、貧困の克服のための努力が実を結ぶとき、所得水準の向上がもたらさ

食料をめぐる大きなジレンマ

れ、それは間違いなく食料需要の増加に結びつく。食生活の改善だ。けれども、そうなれば食料の価格は上昇に向かうことになる。どれほど上昇するか。それは、所得水準の上げ幅と、所得の改善がどれほど広い範囲で実現するかによるだろう。

食料の価格が上がれば、少々の所得の上昇は吹き飛んでしまう。貧困層の食生活の改善という意味で良い方向に進めば進むほど、それが広い範囲で実現すればするほど、食料価格の上昇というブレーキが作動しはじめるわけだ。

地球社会が食生活の面で福祉の向上に努めた結果として、自分自身の首を絞めることになる。この関係は、経済学では合成《ごうせい》の誤謬《ごびゅう》という概念で説明される。合成の誤謬とは、ひとりひとりにとっては望ましい行動であっても、多くの人々の行動の効果が足しあわされることで、かえって望ましくない結果が引き起こされることを言う。

貧困にあえぐ人々の食料消費の増加を願う気持ちは自然である。そして、この願いが実現したとしよう。このとき、かりに限られた人々のみについて食料消費の増加が生じたとしても、世界の食料価格に変化がもたらされるとは考えられない。問題は、何億人、何十億人の単位で食生活の劇的な改善が実現される場合だ。価格が上昇に向かうことは間違いない。

良かれとの思いで意識的に取り組んだことが、むしろやっかいな事態を招くという意味では、大きなジレンマと表現することもできる。地球社会が、貧困層の食生活の改善という命題と食料価格の抑制という命題の板挟《いたばさ》みになった構図だ。大きなジレンマとは、地球大の規模において直面するジレンマという意味だよ。
もう一度繰り返す。世界の食料問題は単なる予測の問題ではないんだ。

二限目

「先進国＝工業国、途上国＝農業国」は本当か？

八億人が栄養不足

単純に人口と比べてみれば、地球上の食料は十分にある。前回の授業の表1で、二〇一四年の三大穀物《こくもつ》の生産量が二八億トンだったことを確かめたね。大豆《だいず》三億トンとイモ類の八億トンを合わせれば、四〇億トン近くになる。ただし、イモ類には水分が多く含まれているから、そこは割り引く必要がある。

一方、同じ二〇一四年の人口は七二億四千万人。割り算をすれば、三大穀物だけでも一人当たり年間三九〇キロだ。若い君たちでも食べ切れないと思う。同じ年、日本の一人当たりの穀物摂取量は九〇キロだった。この四倍以上にあたる穀物が地球上で生産されているわけだ。その意味で食料は十分にある。

問題は、十分すぎるところと足りないところというかたちで食料が偏在《へんざい》していることだ。なぜか。それは食料を買う力、要するに富が偏って分布しているからだ。

日本を考えてごらん。次回の授業で詳しく見るけれども、近年の穀物の自給率《じきゅうりつ》は二〇％台の後半で推移している。海外依存率七〇％以上と言い換えたほうがよいかもしれないね。つまり、国で生産する穀物の倍以上を輸入しているわけだが、これが可能なのは、それだけ買える経済力があるからだ。君たちは、そんな豊かな社会の一員だ。

けれども同じ地球上には、必要最小限の食料の確保さえままならない大勢の人々が存在する。この現実をどう考えるかだ。

世界に一〇億二千万人。二〇〇九年の六月にＦＡＯ（国連食糧農業機関）から発表された栄養不足人口の推計値だ。この推計値は大きな関心を集めた。それ以前に比べて急速に増加したからだ。二〇〇三年から〇五年の期間の栄養不足人口について、当時のＦＡＯは八億七千万人と推計していた。それが二〇〇八年に九億人を超えたかと思うと、あっという間に一〇億人を突破した。

理由はふたつ。

ひとつは、しばしば百年に一度などと形容された世界経済の深刻な不況だ。二〇〇八年秋に起きたアメリカの大手証券会社リーマン・ブラザーズの経営破綻《はたん》。これに端《たん》を発した世界同時不況が、途上国の経済にも深刻な影響を与えていたんだ。食料に支出できる所得も減少したはずだ。

もうひとつの理由は、前回の授業で詳しく説明した食料価格の高騰《こうとう》だ。二〇〇九年の段階では異常な価格高騰状態はいくぶん沈静化した。けれども、以前に比べて高値の水準で推移していたのも事実だ。沈静化したと一息つくことができたのは、それだけ恵まれた社会にいるからだと考えたほうがよい。

近年の栄養不足人口の地域別の内訳を、二〇一四年から一六年の期間について表3に示した。約八億人だから、二〇〇九年よりも減少したわけだ。ただし、ＦＡＯでは栄養不足人口の推計方法の見直しを行っており、二〇一二年以降は新たな方法による推計値となっている。したがって、過去の公表値との比較には注意が必要だ。けれども、ＦＡＯは念には念を入れて、新たな方法で一九九〇年までさかのぼって

表3 栄養不足人口の分布（単位:億人）

世界計		7.95
先進国		0.15
発展途上国		7.80
	北アフリカ	0.04
	サブサハラ・アフリカ	2.20
	西アジア	0.19
	南アジア	2.81
	コーカサス・中央アジア	0.06
	東アジア	1.45
	東南アジア	0.61
	ラテンアメリカ	0.27
	カリブ海域諸島	0.08
	オセアニア	0.01

注）「Food Security Statistics」による。2014-16年に関する推計値。

栄養不足人口を推計し直しており、その結果からも栄養不足人口が長期的には減少傾向にあることが確認できる。取りあえず、よいことだね。

少々込み入った話になったが、表3では地域ごとの分布をみておこう。途上国中心の地域に多いことを確認できるね。とくにサブサハラ・アフリカ、つまりサハラ砂漠より南のアフリカ大陸の途上国と、南アジア、つまりインドやバングラデシュなどに集中している。先進国にも栄養不足の問題がないわけではないが、途上国に比べればその数はずっと少ない。

こうしたデータを前にして、貧しい途上国から豊かな先進国に向かって食料が移動する光景が目に浮かぶのではないだろうか。そんな光景を想像すると、なにか申し訳ないような気持ちがわいてきて、居心地《いごこち》が悪いという人もいるかもしれない。なかにはなんとか力になりたいと、はやる気持ちを抑えられない人もいるだろう。そんな気持ちを大切にしてほしい。

ただ、もう少し私の話を続けさせてもらうよ。食料の流れも、途上国から先進国へという単純なものではないからだ。そこのところを理解できれば、日本がどんな位置にいるかもよく分かるはずだ。そのうえで、もう一度君自身に何ができるかを考えてみてほしい。

「途上国＝農業国、先進国＝脱農業国」は正しいか

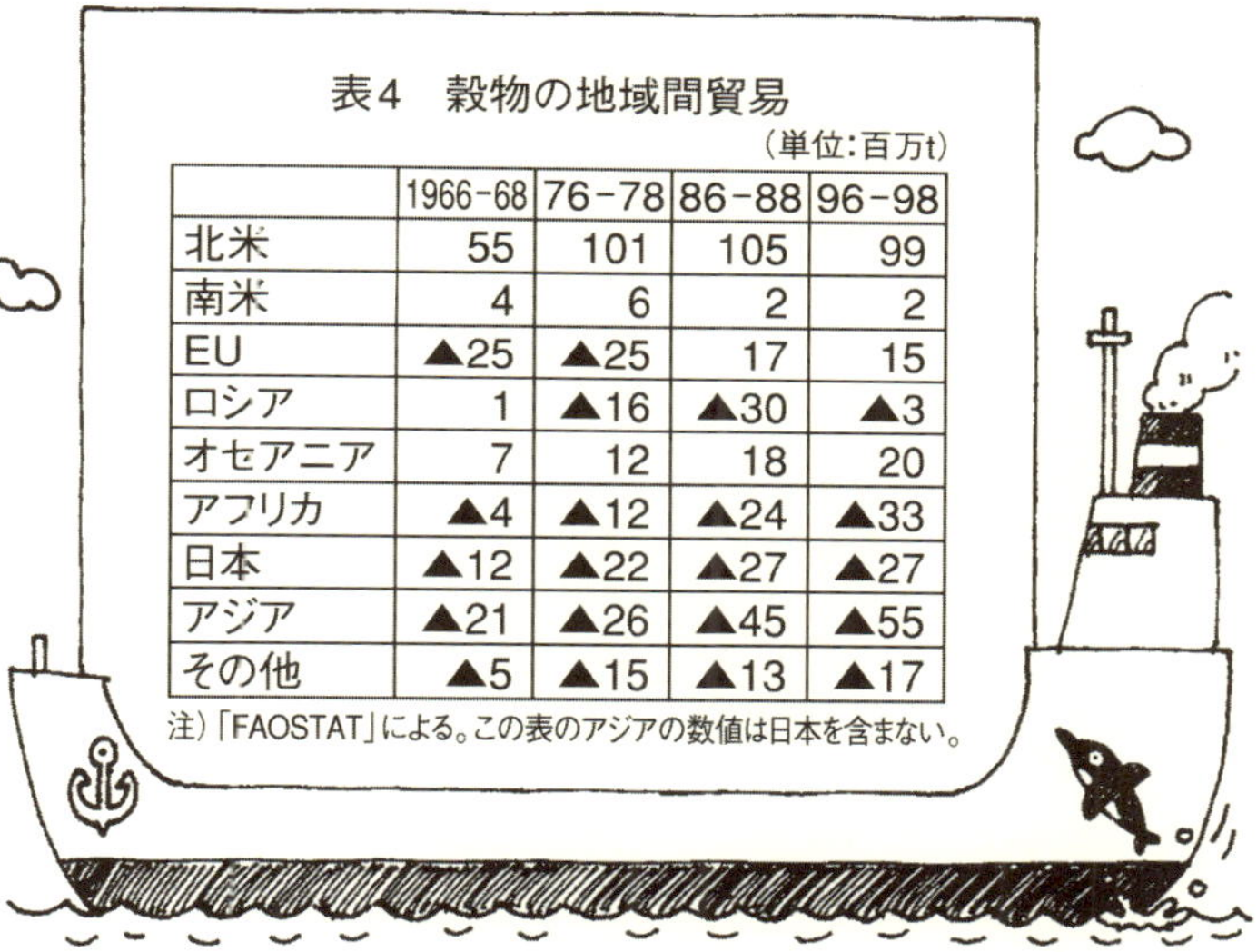

表4　穀物の地域間貿易

（単位:百万t）

	1966-68	76-78	86-88	96-98
北米	55	101	105	99
南米	4	6	2	2
EU	▲25	▲25	17	15
ロシア	1	▲16	▲30	▲3
オセアニア	7	12	18	20
アフリカ	▲4	▲12	▲24	▲33
日本	▲12	▲22	▲27	▲27
アジア	▲21	▲26	▲45	▲55
その他	▲5	▲15	▲13	▲17

注）「FAOSTAT」による。この表のアジアの数値は日本を含まない。

途上国は農業中心の第一次産業の国で、先進国は工業やサービス業、つまり第二次産業と第三次産業の国。こう認識している人が多いと思う。事実、国のあいだで比較してみると、一人当たりの所得《しょとく》水準の高い国ほど、農業就業《しゅうぎょう》人口の比率が低い傾向にある。

あるいは同じ国でも、所得水準が上昇するにつれて農業就業人口の割合が低下するのが普通だ。その意味でも、途上国＝農業国、先進国＝工業国という認識は間違っていない。農業国から脱却し、工業やサービス業が発達することで、国全体の所得水準もアップするわけだ。

日本も例外ではない。というよりも、産業構造の大転換によって高所得社会を実現した代表的なケースが、日本の戦後の経済だった。

ところが農産物の貿易、なかでも基礎的な食料の貿易に関する限り、途上国＝農業国、先進国＝脱農業国という認識には修正が必要だ。

表4には、穀物の地域間の貿易が過去にどのように推移したかが示されている。表の数字は輸出から輸入を差し引いたのちの値で、これがプラスであれば、そこは純輸出、つまり輸出超過の地域で、マイナスであれば（▲で示した）、純輸入の地域ということになる。

すぐ分かるのは、輸出超過は北米・ＥＵ（欧州連合）・オセアニアで、いずれも先進国の地域だということ。

逆に、アジアとアフリカは純輸入地域。先ほどの栄養不足人口が集中している地域と重なっている。穀物は先進国から途上国に向かっている。その意味では、先進国は農業国としての顔も持っているということなんだ。

ただし、地域内で行われている貿易については、地域全体では差し引きゼロということで、表4の数字には現れてこない。

例えばアジアにはタイやベトナムなど、コメの輸出国が多いけれど、他方で中国やフィリピンのような輸入国もある。けれども、このようなコメの流れはアジアの中の動きだから表には出てこない。

つまり、表4は地域間の穀物の流れだけを大ぐくりで示したわけだが、そこから明らかになるのが、大勢として先進国が穀物の純輸出圏で、途上国が純輸入圏という世界の穀物貿易の鳥瞰図《ちょうかんず》だ。先進国なのに純輸入の日本が気になるかもしれないが、この点についてはあとで考えることにする。しばらくは、もう少し表を読み込んでみよう。

表4の単位を見てごらん。一〇〇万トンとあるね。ということは、例えば一九九六年から九八年の平均で、地域間を一億四千万トン弱の穀物が移動したことになる。

ＦＡＯの統計によれば、同じ期間の穀物の平均生産量は年一八億八千万トンだったから、移動した割合は七％と小さい。

別の統計で近年の三大穀物の貿易率を調べてみると、二〇一二年で小麦二三％、トウモロコシ一三％、コメ九％。この計算に使われた貿易量には地域内で行われている貿易も含まれているが、それでも貿易率は概《がい》して低い。ここに穀物の特徴がある。これに対して、例えば同じ年の自動車の貿易率は四九％だった。

穀物は生産された国の中で消費される割合が大きく、自国の消費に必要な量を超えた小さな部分が貿易に向かうわけだ。このような穀物の世界市場を指して、thin market と表現することもある。薄い市場だね。

だから、途上国陣営はその薄い市場から穀物を輸入していることになる。先ほどの栄養不足人口が示すとおり、それでも必要な食料を確保できない状態にある。

対照的なのが先進国。国の産業に占める割合はけっして大きくないが、とにかく余剰《よじょう》穀物を生み出すことが可能な農業がある。

表4には四つの時点のデータが示されている。先進国＝輸出陣営、途上国＝輸入陣営という構図が次第に強まってきたことを知ってもらうためだ。確認できるね。象徴的な地域がＥＵだ。かつては輸入陣営だったのに、八〇年代には輸出陣営に転じた。大変ハッピーなことと思うかもしれないが、内情はそうでもない。この点は、少し先に進んだ段階で学ぶことにしよう。

大きく振れているのがロシア（旧ソ連）。ソ連の社会主義体制が揺らぎ、崩壊する過程で、経済と農業のアップダウンが激しかった。それが穀物貿易の推移にも反映されている。

南米は総じて中進国。最近はブラジルの大豆などに見られるように、食料の輸出も増えているが、二〇世紀中の穀物貿易については差し引きトントンといったところだね。

食料を大量に輸入する日本は特異な国か

さて、問題の日本。先進国でありながら、二〇一六年の時点で二四〇〇万トンの穀物を輸入している。表4の時期より多少は減ったものの、薄い市場の中ではひときわ目立つ存在であることに変わりはない。

先ほども触れたが、日本の穀物自給率は非常に低い水準だ。農林水産省の試算によって国際比較可能なデータの得られる二〇一三年に注目すると、日本は二八％だった。先進国であるＯＥＣＤ（経済協力開発機構）加盟三五カ国を並べてみると、日本よりも穀物自給率が低いのはポルトガル、韓国、オランダ、イスラエル、アイスランドの五カ国。日本は三五の先進国中三〇番目というわけだ。

ポルトガルやオランダは、統合されたＥＵの農産物市場のもとにあるから、そもそも国としての自給率を問題にするという発想に乏しい。しかも、オランダは穀物

の輸入国だが、これをエサとして生産した畜産物の一大輸出国でもある。人口三〇〇万人のアイスランドを、一億三千万人に近い日本と比べることにもあまり意味はないだろう。

イスラエルは人口九〇〇万人弱。二〇一〇年にOECDに加盟したばかりで、政治的・国際的に難しい環境下にあることは知っているかもしれないね。ほかの先進国と同列に比較することが難しい面もあるだろう。

穀物貿易では先進国で例外的な存在としての日本とイスラエル。こう言いたいところだが、アジアにも仲間がいる。先ほど名前のあがった韓国で、二〇一三年の穀物自給率二五%は日本を下回っていた。一九九六年にOECDに加盟しており、先進国となって二〇年以上だ。

また、中国との関係から国際機関の統計には現れないものの、台湾の穀物自給率は日本よりも低い。これは知人の台湾大学の教授に確かめた。台湾も所得水準が高い。

少し先走りして言うならば、これからの東アジアでは、経済成長とともに穀物の輸入量がさらに増加していくのではないか。先進国でありながら、ではなく、先進国になったために農産物の輸入陣営に加わる一群の国々。それが近未来の東アジアの姿ではないかと思う。

今のところ極端に低い穀物自給率は日本と韓国と台湾だけだが、中国も沿海部に限れば、穀物は輸入超過と見ることもできる。コメの一大輸出国のタイだって、経済成長の軌道に乗っているから、いずれは穀物の輸入陣営に転じる可能性がないとはいえない。

東アジアだけではない。世界の食料需給を見通すうえでインドの消費動向が重要であることは、前回の授業で述べたとおりだ。

先進国になったために農産物の輸入陣営に加わる、と述べたところがポイントだよ。アジアでは、経済成長とともに海外の食料への依存度が高まると見通しているわけだ。

ヨーロッパやヨーロッパ起源の北米やオセアニアの先進国を第一集団とするならば、二一世紀に向けて台頭してきたのがアジアの第二集団の国々の経済力。たしかに第一集団を標準にすると、穀物を大量に輸入している日本は例外的で特異な先進国だ。けれども、第二集団の一員としてであれば、これまでの日本はたまたま先頭ランナーの位置にあったにすぎない。

先頭ランナーだから目立ったわけだが、いずれは後続の国々が大なり小なり似たポジションに立つに違いない。そうなれば、日本は特異な国でもなんでもない。も

表5　農業生産性の格差（1980年）

	先進国	中進国	後進国
労働生産性	100	21	6
土地生産性	100	40	49
土地装備率	100	51	11

注）Yujiro Hayami and Vernon W.Ruttan,Agricultural Development: An International Perspecutive,Johns Hopkins,1985による。

ちろん、これはアジアの経済成長が順調に進むことが前提だけれども。

広がる先進国と途上国の農業力の差

もう一度世界全体を眺めてみよう。先進国は農産物の輸出陣営、途上国は輸入陣営というコントラスト。そして急速に輸入に傾きつつある成長アジアの国々。少々おおざっぱだが、これが基本的な構図だ。

ここで考えてみたいのは、先進国と途上国の農業の力の差についてだ。まず、表4に示した期間（一九六六年〜一九九八年）の中間点に近い一九八〇年の時点で、農業の労働生産性を比較してみる。労働生産性とは投入した労働当たりの生産量のことだよ。先進国を一〇〇として労働生産性を比べてみたのが表5だ。

途上国は中進国と後進国に分けてあるが、どちらも先進国に比べてずいぶん見劣りするね。とくに後進国は先進国の一〇〇に対して六だから、二〇倍近い差だ。

表5は土地生産性も比較している。面積当たり収量《しゅうりょう》の比較だね。労働生産性ほどではないが、それでも先進国と途上国では倍以上の開きがある。

もうひとつ、表には土地装備率の欄がある。これは労働力一人当たりの農地面積という意味だ。この点でも先進国と途上国の違いは大きい。農業機械の普及している先進国とは異なって、人手に頼るか、せいぜい牛や水牛の力を借りるだけの途上国の場合、ひとりが耕すことのできる面積には限りがあるからだ。

途上国の労働生産性が低いことにはふたつ理由がある。ひとつは面積当たりの収量が低いことだ。土地生産性の問題だね。もうひとつは土地装備率が小さいこと。

農場の規模の問題だ。つまり、同じ面積でも収量に差があるのに、さらに一人当たりの農地面積の違いが加わって、労働生産性で先進国に大きく水をあけられる結果になっているんだ。

生産性に差があることは分かった。では、生産性の差は多少なりとも縮まってきたのだろうか。先進国に追いついてきた途上国の農業。こんな期待をあっさり吹き飛ばすのが、表6のデータだ。表4とほぼ同じ期間をカバーしている。

表6は三つの要素の年変化率を示し

表6　農業生産性の変化（1965−95年）

（単位：%）

	先進国	途上国		
		計	中所得国	低所得国
農産物	1.2	2.2	2.1	2.3
農業労働力	−2.2	0.7	−0.1	1.8
労働生産性	3.4	1.5	2.2	0.5

注）速水佑次郎・神門善久『農業経済論（新版）』岩波書店による年平均の変化率。原データは「FAOSTAT」。

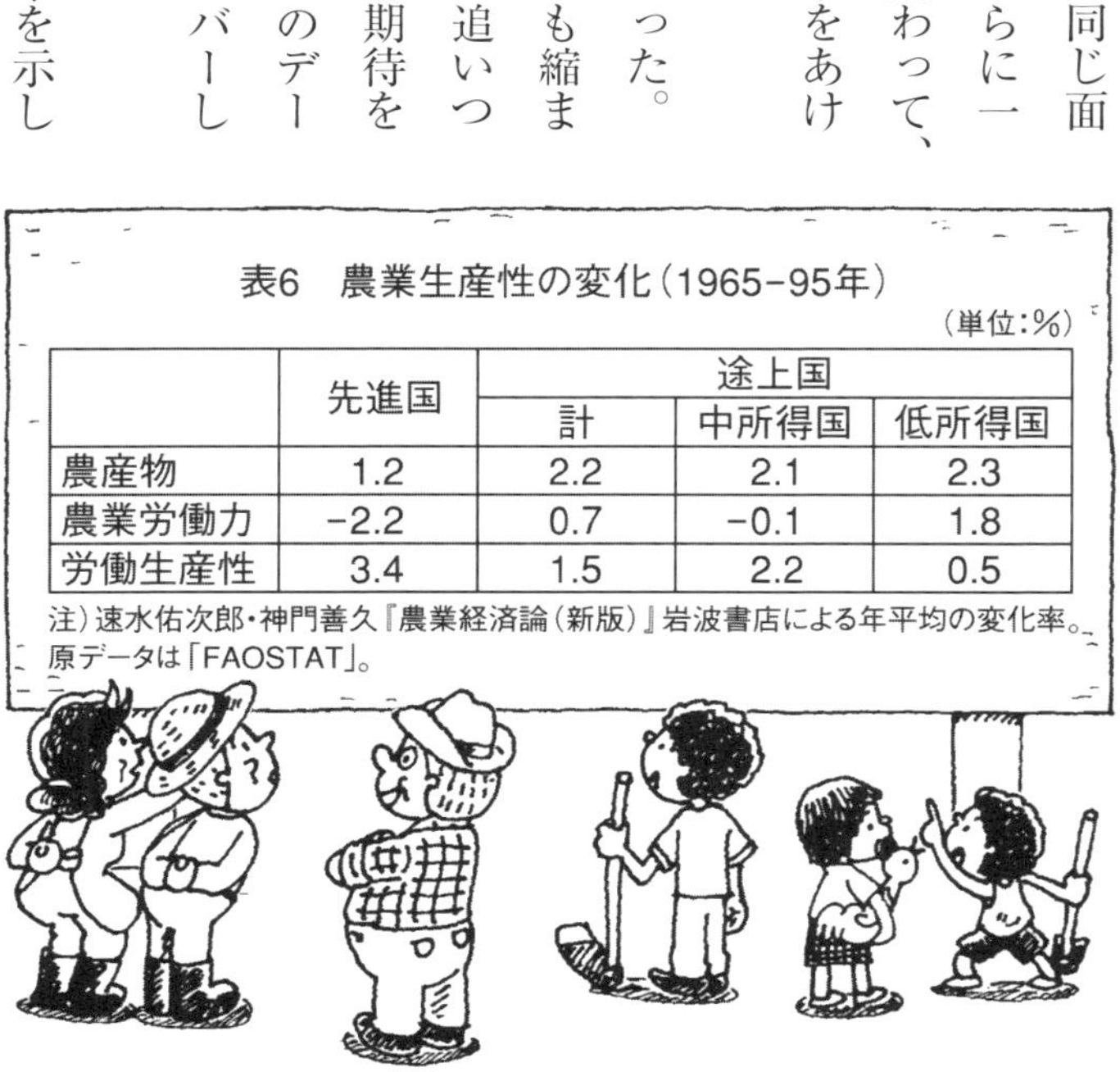

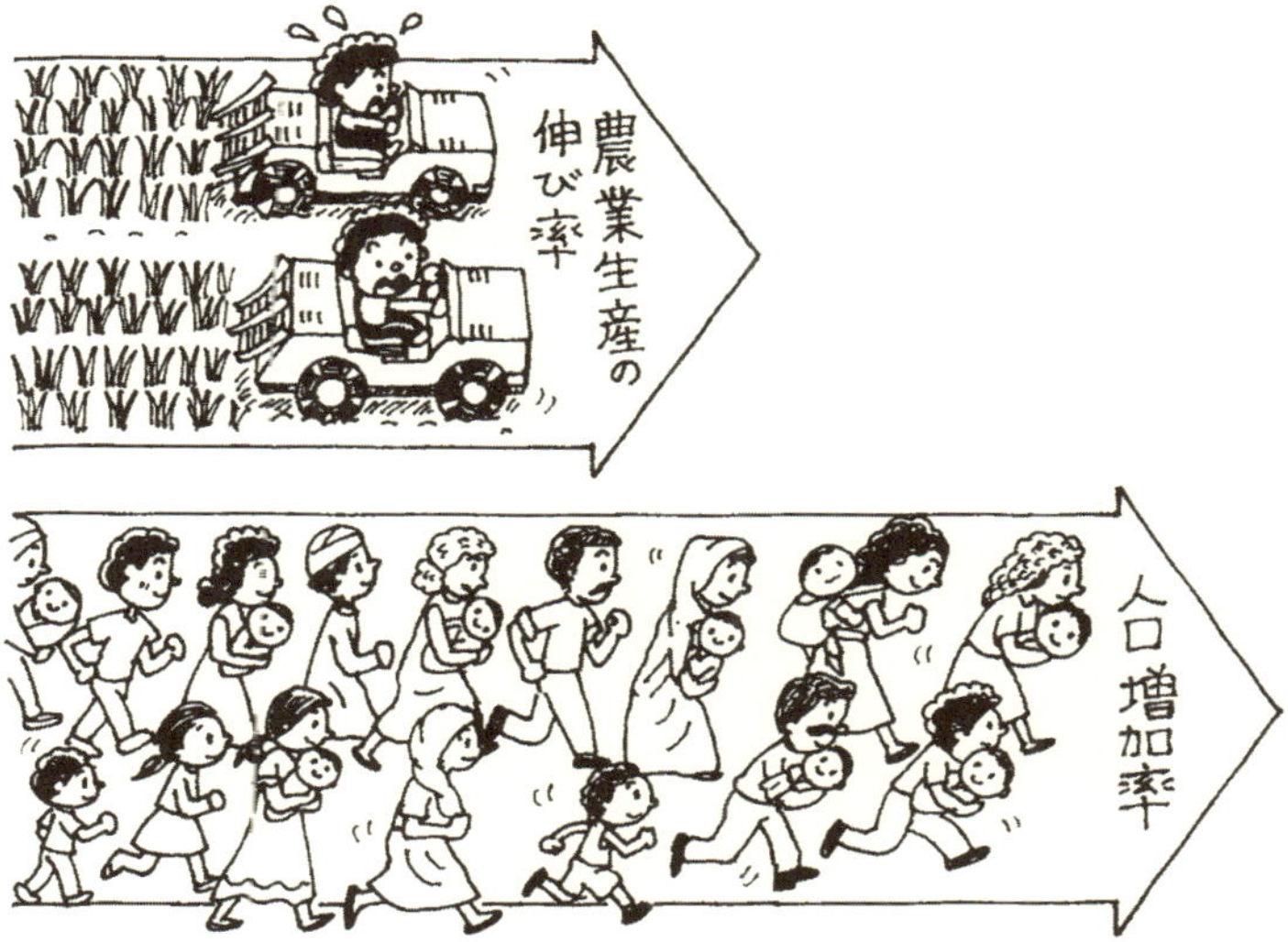

ており、おおよそ、

農産物の変化率＝農業労働力の変化率＋労働生産性の変化率

という関係式が成立する。農産物が農業労働力と労働生産性のかけ算として表されるからだ。一限目の授業で取りあげた世界の穀物生産量の式と同じかたちだね。この関係式を念頭におくと、表6からふたつのことが分かる。

ひとつ。農産物の増加率は途上国のほうが先進国より高い。ただし、急いで付け加えておく。それは、人口の増加率では途上国が先進国を大きく上回っていることだ。

とくにアフリカの人口増加は驚異的ですらある。一九六〇年の二億九千万人が二〇〇〇年には八億二千万人。年率にして二・六七％の増加だ。ヨーロッパでは同じ四〇年間に六億人から七億三千万人への増加だから、年率で〇・四六％。たしかに途上国の農業生産は伸びているが、人口の増加がそれをはるかに上回っている。食料が足りなくなるには理由がある。

表6から分かるもうひとつのこと、それは途上国の労働生産性の伸びが先進国に及ばない点だ。労働生産性の向上は、途上国の世界で多数を占める農家の所得水準を引き上げるためにも必要だ。その労働生産性の伸びがいまひとつなのだ。なぜか。農業生産に投入される労働の量が減っていないからだ。その結果、労働力当たりの農産物、つまり労働生産性で途上国は先進国に遅れをとることになった。

低所得国に分類される途上国では、むしろ投入される労働が増えている。それで農業生産がおおいに伸びれば別だが、農業労働力の増加率と農産物の増加率にはあまり差がない。結果的に、労働生産性の伸び率で先進国に軍配が上がるというわけだ。

途上国の農業を研究する農業経済学や開発経済学には、過剰労働や余剰労働と呼ばれる概念がある。人手はありがたいように見えるが、ある線を超えると生産への貢献度が急速に低下し、ときにはまったく貢献しない状態になる。こんな現象を表す概念だ。途上国で増加した農業労働力には、この意味で貢献度の低い労働が含まれていると考えてよい。

ここでちょっと寄り道。表の注に記しておいたが、表5や表6のデータはそれぞれ定評のある研究書と上級のテキストから引用した。引用して使う私にとって、また、表を見ながら学ぶ君たちにとって、このように整備されたデータが手元にあることは、まことにありがたいことだ。

まことにありがたいと述べたが、本気だよ。と言うのは、この種のデータ、とく

に途上国のデータを比較可能なかたちに収集・整理する仕事には、大変なエネルギーと細やかな神経を必要とするからだ。そんなこともあって、データを引用する場合には、出所を示すことがルールになっている。敬意と感謝の気持ちを込めて、ということだね。

低賃金でも優位に立てない途上国農業

話を元に戻す。先進国に追いつこうとする途上国の農業。残念ながら、この期待は外れた。もっとも、製造業やサービス業に目を転じてみれば、途上国の追い上げはごく普通に起きている。先進国で開発された新技術は途上国でも通用するからだ。この点がポイントだよ。

もちろん先進国に追いつくには、工場や機械を新たに導入しなければならないし、そのための投資の資金も必要だ。人材が重要であることも言うまでもない。それこそ資金や人の面で国際的な協力を仰ぐ場合もある。けれども、それが有効な支援になるのは、技術自体が移転可能だからなんだ。うまく移転できれば、人件費の安い途上国が競争で優位に立つことも少なくない。追いつくどころか、追い越してしまうわけだ。

農業ではそうはいかない。先進国で開発された技術、例えば新品種を途上国に持ち込んでも、うまくいかないことが多い。とくにその地域に存在しない種類の作物を持ち込もうとしても、まず無理だと考えたほうがよい。気温や日射量、湿度や降水量など、気象条件が違うし、土壌や地形も異なっている。だから、思いもよらない病害虫《びょうがいちゅう》にも遭遇する。

それに農業の場合、しばしば水が決定的な役割を果たす。稲を考えてごらん。水なしには豊作を期待することはできないね。もっとも、水はありさえすればよいというわけではない。

稲作《いなさく》の生産性を上げるには、過剰な水を排除することも不可欠だ。例えば、ベトナムとカンボジアに広がるメコン川のデルタ地帯。雨期の洪水制御が、この地域一帯の稲作発展の鍵を握っている。つねに水が溢《あふ》れているような状態では、肥料を与えても無駄になるだけだ。あっという間に流されてしまうからね。

日本でも、コシヒカリで知られる新潟県の平野部の稲作の歴史は、肩までつかる水との戦いだった。大型の排水ポンプが多数設置され、高収量で能率的な稲作が可能になったのは、この六〇年ほどのことなんだ。

農業の力を増すことはそう簡単ではない。簡単ではないからこそ、やりがいもある。広い範囲で農業のパワーアップが実現するならば、多くの人が飢えから解放されることにもなる。命が救われると言ってもよい。それほど価値のある仕事が途上国農業のパワーアップだ。

「緑の革命」にノーベル平和賞

かつて、このことを世界中の人々に強く印象づけた出来事があった。それは一九七〇年のノーベル平和賞をノーマン・ボーローグ博士が受賞したことだ。「緑の革命」の実現に中心的な役割を果たしたことが、博士の受賞の理由だ。

緑の革命を知っているかな。英語ではgreen revolution。革命の幕を切って落としたのが、一九四四年にメキシコシティでスタートした小麦の品種改良《ひんしゅかいりょう》の研究だった。まだ第二次世界大戦の最中だね。そして一九六〇年にフィリピンに設立された国際稲研究所で取り組まれた稲の品種改良。どちらもアメリカの財団の援助で立ち上がった。ボーローグ博士自身もアメリカ人だ。

メキシコとフィリピンの研究所で開発された小麦や稲の高収量の新品種は、とくにアジアで急速に普及した。小麦の新品種はインドやパキスタンの食料生産に大きく貢献し、コメの新品種はインドネシアやフィリピンなどで食料の大幅な増産をもたらした。この一連のプロセスを緑の革命と呼んでいる。

先ほども述べたとおり、ただ新品種を持ち込んだだけでは成功はおぼつかない。地域の風土にマッチした品種であることが肝心だ。それに、とくにコメの新品種の普及については、水の制御と十分な肥料の供給が必須《ひっす》の条件だとされた。ちょっと待てよ。アジアには栄養不足人口が多かったはずだ。緑の革命が食料増産に大きく貢献したというのは、矛盾していないか。

これはもっともな疑問だ。良い疑問だとも思う。この疑問を糸口にして考えることで、問題をさらに深く理解できるはずだ。

三つのことを指摘したいと思う。ひとつは、たしかにインドネシアやフィリピンでは改良品種が稲作の八割程度を占めるまでに普及したが、他方でバングラデシュやミャンマーの普及率はそれほど高くないことだ。

重要だと指摘した水利条件の違いが普及率の差となって現れたかたちだ。それでも、これらの国でもまったく普及しなかったわけではないし、インドネシアやフィリピンでは、革命という表現にふさわしい成果を上げている。

そこでもうひとつのポイント。これは事実関係の問題というよりも、ものの見方の問題だね。少し理屈っぽい話だから、ゆっくり読んでほしい。

まず、この問題に関して着目する必要があるのは、栄養不足人口が単純に増えたか減ったかではない。緑の革命の効果を的確に評価するために必要なのは、かりに緑の革命がなかったとすればどのような状態が生じていたかを想定し、その仮想的な状態と現状の比較を行うことなんだ。

仮想的な状態は実際には起きていないわけだから、推測するしかない。むろん、厳密な推測は不可能だ。けれども、緑の革命がなかったとすれば、栄養不足人口が現状よりも増えていたと推測することは理にかなっている。緑の革命がアジアに大きな食料増産をもたらしたのは事実だからだ。つまり、緑の革命それ自体は、栄養不足人口を減らすことに貢献したはずだと評価することができる。

同じような問題は、政策の評価の分野ではしばしば起きている。ある政策の効果を評価するとしよう。この場合、政策の前後の状態をそのまま単純に比較してはならない。政策以外の別の事情で好転した事実を、政策の効果だと錯覚することがあるからだ。

逆もある。政策は十分効果を発揮していたのに、ほかの事情が足を引っ張ったというような場合だ。簡単なことではないが、政策がなかったとすれば何が起きていたかをよく考えて、そのうえで効果を見極める必要がある。

少なくとも、そういう姿勢が大切だ。どうだろう。例えばテレビの討論番組。もっともらしい発言であっても、いま述べた評価のルールをきちんと適用するならば、はたして合格点があげられるかどうか。君たち自身で採点してみたら面白いかもしれない。

三番目のポイント。それは、食料の増産が実現したとして、その成果が人々のあいだにどのように分配されているかという点だ。

大地主が成果を独《ひと》り占《じ》めするようなことがあれば、大半の人々の食生活の改善にはつながらないね。あるいは、農家が新しい稲の種子や必要な肥料を高い値段で買わなければならないとすれば、増産による所得アップの効果は半減してしまうかもしれない。

事実、このような見地から緑の革命について功罪相半《こうざいあいなか》ばすると指摘する議論もある。逆に、トラクターのような農業機械とは異なり、改良品種が小さな規模の農家にも普及した事実を示すデータもある。ここは難しいところだ。

地域や時代によって一概《いちがい》に言えない面もある。だから、先入観にとらわれず、現実を直視することが大切だ。効果がどのように分配されているか。技術としての緑の革命の成果を、多くの人々が良くなったと実感できる社会の実現につなげるためにも、忘れてはならない視点だね。

食料不足のアフリカに必要なのは「虹色の革命」

緑の革命はアジアの食料事情を変えた。心配なのは、五人に一人が栄養不足状態にあるサブサハラ・アフリカ。緑の革命の恩恵がほとんど届いていない。空白の地域だったわけだ。そこにようやく希望の光が射し込んできた。

例えば、今世紀に入って徐々に普及しはじめたネリカ米。乾燥に強い西アフリカの稲と収量の多いアジアの稲を掛けあわせて開発された一連の品種の総称だ。ネリカとはNew Rice for Africaの略語。日本の技術援助が大きな役割を果たしている。

改良のターゲットはコメだけではない。アフリカの主食は実に多様だ。キャッサバ、ヤムイモ、タロイモといったイモ類が多いことも特徴だ。小麦やトウモロコシも生産されている。変わったところでは、調理して食べるバナナ。

アフリカに必要なのは、単一の作物を標的にした緑の革命ではなく、さまざまな作物を視野に入れた「虹色の革命」だ。Rainbow-color revolution。これは国際的にも著名な作物の研究者、岩永勝さんの言葉だ。岩永さんは、緑の革命を推進したメキシコシティの研究機関、国際トウモロコシ・小麦改良センターの所長を長いあいだ務めた。それだけに含蓄《がんちく》がある。

農業保護で対立したアメリカとヨーロッパ

ここで先進国の農業に目を転じることにしよう。そういえば、後回しにしていた問題がひとつあったね。一九八〇年代にＥＵが穀物の輸出陣営に転じた点について、必ずしもハッピーではなかったと述べたことだ。覚えているかい。55ページのことだよ。

では、ハッピーと言えないのはなぜか。それは、この時期のＥＵ（当時はＥＣ［欧州共同体］）が農産物の過剰問題の退治に頭を痛めていたからだ。穀物だけではないよ。だぶつく牛肉や乳製品にも困り果てていた。過剰問題の原因をたどっていくと、ＥＣのさらにその前身であるＥＥＣ（欧州経済共同体）の設立宣言である一九五七年のローマ条約に行き着く。ローマ条約には、農業政策の基本的な理念も書き込まれていたからだ。理念の実現に向けた政策が徐々に過剰問題につながっていったわけだが、長い経緯はこのさい省略する。

要は、市場で需要と供給が釣りあう価格よりも高い価格を農家に約束したため、市場が必要とする以上の農産物が生産されてしまったということなんだ。

もう少し具体的に言うと、農産物ごとに高めの目標価格をあらかじめ決めておく。それで、農産物が過剰に生産され、市場の実際の価格が目標価格を下回りそうになると、政府系の機関がその農産物を買い支える。こうして農家に対する価格の約束は守られる。ただし、政府系の機関には過剰農産物の在庫が積み上がるというわけだ。当時のＥＣの農業政策を皮肉《ひにく》ったフレーズで有名なのは、「バター・マウンテン」。

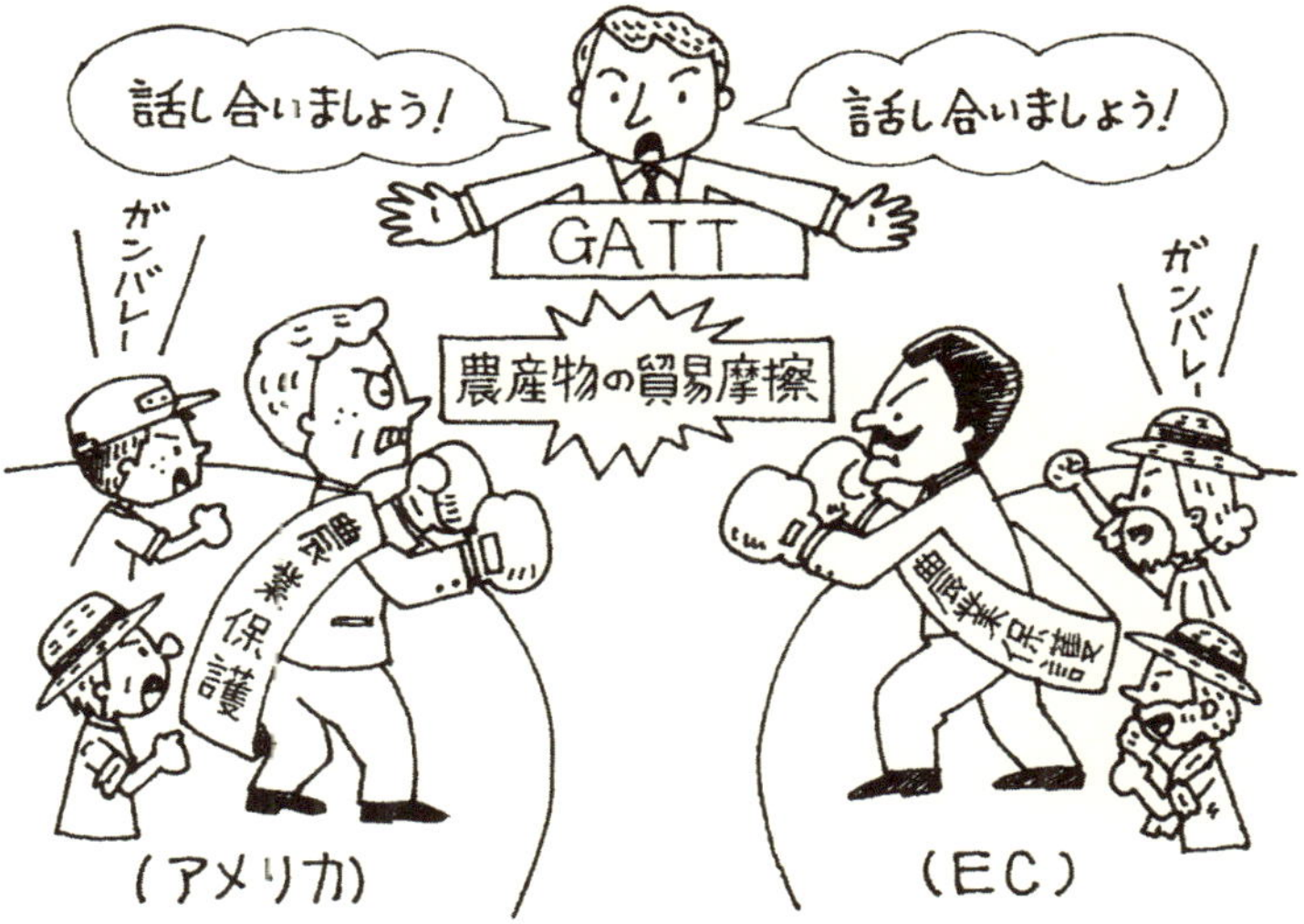

もっとも、これだけならばＥＣ内部の問題だ。外からとやかく言われることもない。ところが、ＥＣは高い価格で買いあげた農産物を国外の市場で売るという行動に出た。

やむにやまれずといったところかな。一種のダンピングだね。高い価格で買って、それよりも安い国際価格で売るかたちだ。穀物の場合だと、東ヨーロッパやソ連（現在のロシアなど）、アフリカなどが売り先だった。

こうしたＥＣの動きに対して反発を強めたのがアメリカだ。ＥＣはもともととアメリカの穀物のお得意様だった。ところが、一九七〇年代から八〇年代にかけて、ＥＣは増産によって穀物の自給を達成する。もうそちらの穀物は必要ありませんということ。アメリカもここまでは我慢できたようだ。アメリカにとって我慢ならなかったのは、ＥＣがアメリカのほかのお客にまで手を出しはじめたことだ。

アメリカはアメリカで対抗措置《そち》をとることになった。ＥＣの農産物と競合する市場に輸出するアメリカの業者には、政府が補助金を与えるという措置だ。相手が補助金のゲタをはいて勝負に出てくるならば、自分たちも対抗手段のゲタをはくというわけだね。

このように、ＥＣが穀物の輸入陣営から輸出陣営に転じた背景には、高めの価格を約束する農業保護政策があった。その結果、膨《ふく》れあがる過剰在庫が頭痛の種となり、過剰在庫のダンピングに端を発した貿易摩擦《まさつ》が深刻さを増していった。とてもハッピーだなどとは言えないわけだ。

誤解のないように付け加えておく。農業の保護措置はヨーロッパに特有の政策ではない。先進国で農業保護政策を講《こう》じていないと言えるのは、最近のオセアニアぐらいで、アメリカにも保護政策はある。日本もさまざまな保護政策を講じてきた。

そんな中で、とくにＥＣとアメリカのあいだで農産物をめぐる貿易摩擦が先鋭化した。一九八〇年代のことだ。なんとか難局を打開しなければならないとの機運が高まった。その結果、ＥＣの内部では農業政策の大胆な見直しが行われ、国際的には農産物貿易の新たなルール作りが模索された。

農産物貿易をめぐる新たなルール作り

君たちはガット（ＧＡＴＴ）のウルグアイ・ラウンドという言葉を耳にしたことがあるかな。ＧＡＴＴは「関税と貿易に関する一般協定」の英語の頭文字だが、実質的には貿易問題をめぐる国際機関を意味した。

ウルグアイ・ラウンドとは、このＧＡＴＴのもとで行われ、一九九三年に実質的に合意された一連の国際交渉のことで、貿易の新しいルール作りがテーマだった。対象は農産物だけではない。包括《ほうかつ》的な交渉だ。それが、合意に至るまでになんと八年を要した。最大の原因は難航を極めた農業分野の交渉だった。ＥＣとアメリカの対立があったためだ。

ともあれ、なんとか合意に達したわけだが、農業分野の合意には三つの柱があった。ひとつは、関税《かんぜい》以外の輸入障壁《しょうへき》をすべて関税に置き換えるという柱。関税に置き換えたうえで次第に削減するという約束を交わした。関税とは外国から輸入する品物にかける税のことだね。

もうひとつの柱は、輸出補助金を少しずつ減らすという約束だ。第一の柱が国内の市場を守る場合のルールであるのに対して、こちらは攻める場合のルール作りだと言っていいね。

そして三番目の柱が、国内の農業政策を変えていくという約束だ。簡単に言うと、農家の所得を確保するための政策を行ってもよいが、それが生産を刺激するものであってはならないということ。この三番目の柱のもとで、各国は生産を刺激する政策、典型的には価格支持政策を徐々に削減することになった。

三番目の柱について「簡単に言うと」などと述べたが、現実にはなかなか難しい。生産を刺激しない、つまり、増産につながらないかたちで農家の所得を確保するなんて、なんとなく不自然な感じもするね。現に日本の政府も、ウルグアイ・ラウンドの合意以降、政策の組み立てにはずいぶん苦労したんだ。

それに貿易問題の交渉でありながら、国内の政策にまで踏み込んでルールを決めたところも不思議といえば不思議だ。これは、農産物の貿易摩擦の原因が国内の保護措置にあるとの認識から来た合意だ。根っこから問題を断たなければだめだというわけだね。

なお、ウルグアイ・ラウンドの終結とともに、ＧＡＴＴは新たな国際機関であるＷＴＯ（世界貿易機関）に移行した。農業分野の合意もＷＴＯ農業協定と呼ばれている。

ウルグアイ・ラウンドは初耳という人も、ドーハ・ラウンドは聞いたことがあるかもしれない。現在進行中の貿易交渉だよ。こちらは二〇〇一年に正式にスタートしたから、すでにウルグアイ・ラウンドの倍以上の期間が経過している。暗礁に乗り上げており、今後の進展に期待できないとの評価もある。ネックのひとつは今回も農業分野の交渉だ。

ドーハ・ラウンドが停滞したこともあって、二国間や複数国のグループで、貿易の自由化に向けた交渉が活発に行われるようになった。TPPという略語を知っているよね。正式には環太平洋パートナーシップ協定と言い、日本を含む一二の交渉参加国が二〇一六年に合意に達した。しかし、アメリカのトランプ大統領が離脱を表明して、二〇一八年に残りの一一カ国で発効した。また、日本とEUとの経済連携協定（EPA）も二〇一九年に発効した。このあたりも聞いたことがあると思う。

先進国の農業保護を途上国が批判するわけ

ドーハ・ラウンドもネックは農業交渉だと述べた。そのとおりなんだが、ウルグアイ・ラウンドとは様変わりした点もある。それは、ウルグアイ・ラウンドの交渉が基本的にヨーロッパ対アメリカという構図のもとで進んだのに対して、今回は途上国の発言がずっと重みを増したことだ。そもそも一五〇を超える参加国による交渉には容易ならざるものがあるが、途上国の発言力が強まったことで、欧米諸国との対立が解けない状態が続いている。

もっとも、途上国の姿勢はウルグアイ・ラウンドのときから基本的に変わっていない。姿勢は変わっていないが、影響力が強まったというわけだ。

輸出補助金を含む農業への援助・保護の実質的・漸進《ぜんしん》的な削減が要求されている。

これは、とくに発展途上国のより効率的な生産者に多大な損失を負わせることを避けるためである。

一九九二年に開催された「環境と開発に関する国連会議」で採択された『アジェンダ21』の一節を引用してみた。『アジェンダ21』は当時ずいぶん注目された国際的な宣言なんだ。

ここで削減が要求されているのは、むろん先進国の農業保護政策だ。引用した文章の趣旨は、先進国の保護政策が途上国の農産物の販路を狭《せば》めているという認識であり、これを改めるべきだとする主張だ。そうなると、日本の農業政策も同列・同罪ということになるのだろうか。

宣言にある輸出補助金うんぬんという部分は、当時のECのダンピング輸出によって国際的な農産物市場が低迷していることを念頭においたものだ。

初回の授業でも触れたように（35ページ）、二〇〇七年以降の高騰ぶりとは異なって、農産物の国際市場は長いあいだ低調な価格水準で推移していた。この点に関しては、補助金つきのダンピング輸出が加わって、市場が供給超過の傾向を強めたことも忘れてはならないというわけだ。

実に難しい問題だ。壮大なパラドックス（逆説）だと言ってもよい。つまり、農産物の増産に結びつく先進国の農業保護政策が、食料を必要とする途上国に歓迎されるどころか、途上国の農業の発展を阻害《そがい》するものとして、むしろ改めるべきだと批判されているからだ。

ここは腰を据《す》えて考えなければならない。次回の授業では日本の食料と農業の現状を学びながら、この壮大なパラドックスをどう理解すべきかについて、いっしょに考えてみたい。

三限目に進む前に、ひとことだけ途上国の農業政策にも触れておく。それは、多くの途上国では、農業に対してかなり過酷な政策が講じられてきたことだ。先進国の農家が概して国際価格よりも高い農産物価格を享受《きょうじゅ》してきたのに対して、途上国の農家は国際価格よりも低い手取額を強《し》いられてきた経緯がある。

途上国の政府が農家の手取額を抑えてきた理由はふたつある。ひとつは、国内の食料の価格を抑制することだ。

もうひとつは、農業が生み出した富を吸いあげ、これを工業化のための投資に振り向けること。例えば、国際価格で国外に輸出された農産物に何割かの税金をかけるといった方法だ。むろん、農家の手取額は吸いあげられた税金の分だけ減ることになる。また、食料価格の抑制も、賃金の抑制につながるという意味で、産業の競争力を支える効果を持つ。

つまり、全体として国の発展のための原資《げんし》が農業に求められてきたわけだ。実を言うと、明治から昭和のはじめにかけての日本、つまり途上国時代の日本でも、地租《ちそ》による重い課税というかたちで、農業の生んだ富がかなり高い比率で国に吸いあげられていた。時代は違うけれども、途上国の農業政策は日本の私たちにとっても他人事《ひとごと》ではないんだ。

三限目

自給率で食料事情は本当にわかるのか？

食料自給率はひとつではない

日本の二〇一六年度の食料自給率《しょくりょうじきゅうりつ》は三八％だった。二〇一五年度までの六年間が三九％で横ばいだったから、「三八％に低下」という見出しで報じた新聞もあった。見た人がいるかもしれないね。

食料自給率と言ったが、正式にはカロリーベースの総合食料自給率。カロリーベースの代わりに供給熱量《きょうきゅうねつりょう》ベースと表現することもある。また、総合とは食料の全体をカバーした自給率という意味だ。

そもそも食料自給率は、国内の消費量に占める国産品の比率のことだね。消費量を分母とし、国内生産量を分子とする割り算で得た数字だ。

だから、品目ごとの自給率のデータもある。二〇一六年度で言えば、コメの自給率は九七％、牛肉の自給率は三八％といった具合だ。これは、分母（消費量）も分子（生産量）も重さで測って計算した自給率だ。

問題は、食料全体の総合自給率の場合に、どんな物差しを使って分母や分子の大きさを測るかだ。

重さではどうか。似たような品目であればともかく、ダイコンとマグロとサクランボを重さで足しあわせても、どうもピンとこないね。そこで農業や食料をめぐる政策の観点からも意味のある物差しを考えた結果、食料に含まれるカロリー（熱量）でいこうということで生まれたのが、カロリーベースの総合食料自給率だ。一九八〇年代後半に日本で考案され、今では韓国や台湾やスイスなどでも使われている。

基礎的な栄養素であるカロリーを物差しに採用したアイデアは優れていると思う。ただ、食料の問題を考えるうえで有益な物差しはカロリーだけではない。意味のある物差しによるもうひとつの総合自給率、それが経済的な価値を尺度《しゃくど》にして計算される生産額ベースの総合食料自給率だ。

カロリー自給率　生産額自給率　穀物自給率

実を言うと、カロリーベースの自給率が考案されるまでは、生産額ベースの食料自給率が総合自給率として使われていた。近頃ではカロリーベースの自給率が食料自給率の代名詞になった感があるが、生産額ベースに言わせれば、新参者《しんざんもの》のカロリーベースに席を譲った気持ちかもしれないね。以下では、ふたつの総合食料自給率をカロリー自給率、生産額自給率と呼ぶことにしよう。

　穀物自給率にも触れておこう。二限目の授業で、日本の穀物自給率が二〇

％台後半の低い水準にあることを学んだ。こちらは穀物だけを集計した自給率だから、食料全体をカバーする総合自給率ではない。

けれども、穀物は基礎的な食料であり、食料政策上の重要度も高いことから、国際比較に穀物自給率が使われることもある。だから、二限目に紹介したように、ＯＥＣＤ（経済協力開発機構）加盟国の中で何番目だったなどというデータを手に入れることもできる。

穀物という類似の品目についての自給率だから、分母と分子を測る物差しには重さが使われている。というわけで、計算も面倒ではない。

時代によって違う自給率低下の原因

図1には、カロリー自給率と生産額自給率と穀物自給率の推移が示されている。

なになに、八〇年代後半に考案されたはずのカロリー自給率が、一九六〇年から並んでいるだって？　なかなか鋭いね。

　これはあとから遡《さかのぼ》って計算したんだ。データの作成と保存が大切なことが分かるね。あらゆる種類の食料について、消費量や生産量、輸入量や輸出量のデータがあったからこそ、過去に遡って計算できたわけだ。

　食料のデータが詳細に把握されているのは、日本についてだけではないよ。君たちの中には、アメリカやフランスなどのカロリー自給率を目にした人がいるかもしれない。実を言うと、これは日本の農林水産省が各国のデータに

図1　食料自給率の推移

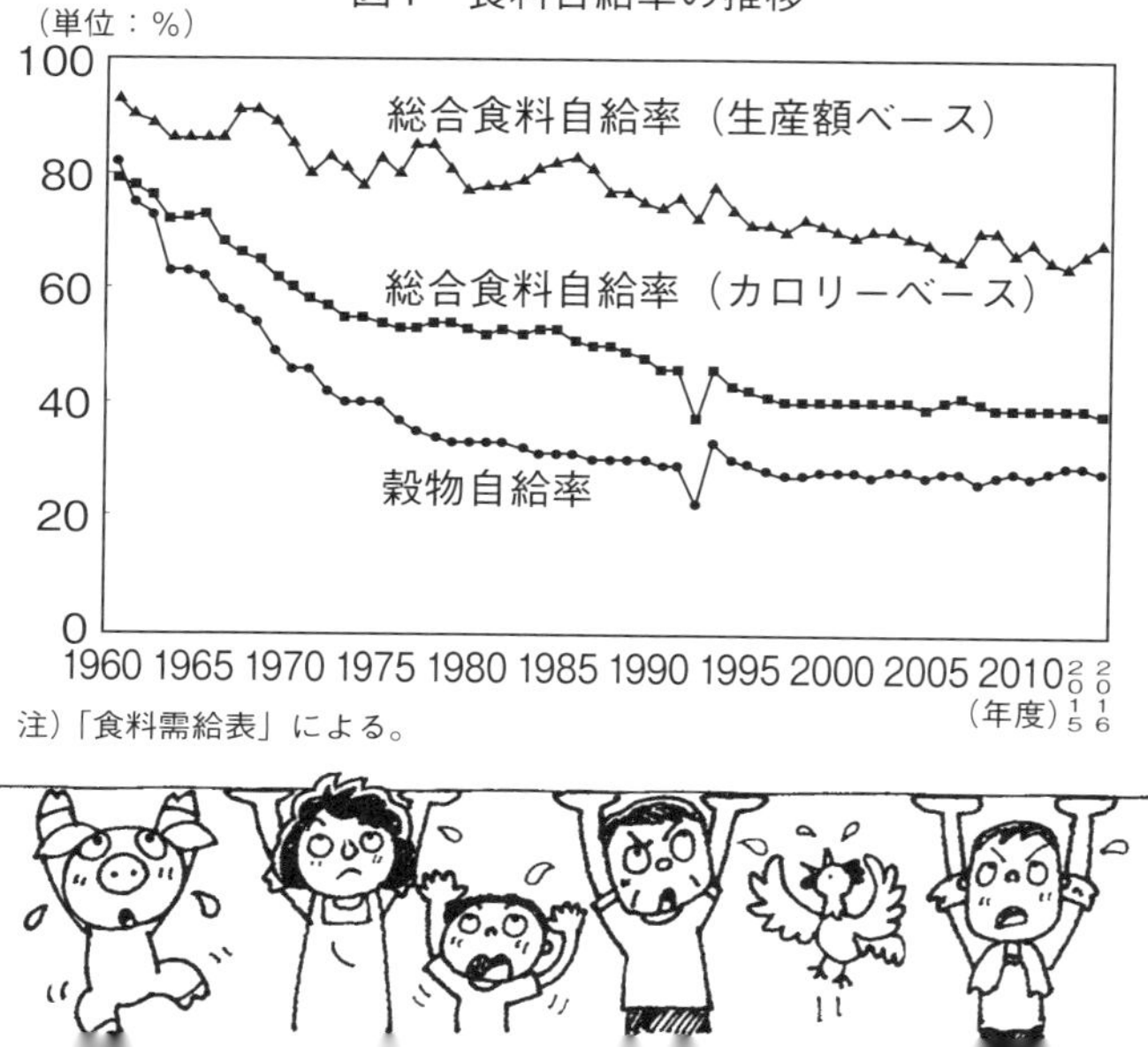

注）「食料需給表」による。

基づいて計算したものなんだ。カロリー自給率は、アメリカやフランスなどではなじみのない指標だからね。どの国もデータはしっかり確保し、公表している。だから、日本流の食料自給率の計算も可能なわけだ。

図1の三本のグラフから、食料自給率が長期にわたって低下してきたことが分かる。気の早い人は、なるほど日本の農業生産はどんどん縮小してきたんだと思うかもしれないが、それはちょっと違う。なぜなら、全体としてみれば、ある時期まで日本の農業生産は伸びていたからだ。

表7を見てごらん。農業生産指数《しすう》という統計から作成した表だ。元のデータは毎年のものだが、農業生産は天候に左右されて年々振れるので、五年ごとの平均値を示した。

一番左の「総合」の欄から分かるのは、農業生産指数が一九八〇年代後半まで上昇していることだ。たしかに麦や豆などはかなり減っているが、右の三列、つまり

表7　農業生産指数の推移

	総合	コメ	麦類	豆類	イモ類	野菜	果実	畜産物
1960-64年	100	100	100	100	100	100	100	100
1965-69年	117	107	78	73	82	123	142	151
1970-74年	120	94	27	64	60	135	184	205
1975-79年	129	99	25	49	59	141	206	241
1980-84年	129	84	44	49	63	145	199	280
1985-89年	134	87	55	57	70	147	194	307
1990-94年	128	81	38	40	63	137	172	313
1995-99年	122	79	28	38	58	129	161	297
2000-04年	115	70	40	46	53	121	150	286

注）「農林水産業生産指数」による。各期間における指数の平均値（1960-64年＝100）。

畜産物や果実や野菜が健闘していたことで、農業生産全体としては伸びる結果となった。ところが、一九八〇年代の後半までの時期について、図1の三本のグラフはどれも低下しているね。

国内生産の伸びと食料自給率の低下。このふたつの現象が同時に発生するのは、国全体の消費が国内の生産の伸びを上回って増加した場合だ。食料自給率は国内の生産量を消費量で割って得られた数値だからね。

そこで消費量の変化をデータによって確かめるために、表8を準備した。

日本の食生活が大きく変化していたことが分かる。

この表は一九五五年を起点にとっているが、これにはわけがある。一九五五年は、第二次大戦後の復興期を経て、日本経済の高度成長期がスタートした記念すべき年なんだ。

経済成長は人々の所得《しょとく》の増加をもたらし、所得の増加とともに食生活も変わる。表の右端の欄には、一九五五年を基準に六〇年後の消費量の倍率が示されている。食生活の変化については一限目にも触れたが、肉類で九・六倍、牛乳・乳製品で七・五倍、卵で四・五倍、油脂《ゆし》類で五・三倍という数値にはあらためて目を見張るばかりだ。

逆に減ったのはコメやイモ類。ただしコメの場合、一九五〇年代には消費量がまだ伸びていた。ピークは一九六二年で一一八キロだった。これに比べると、今では半分以下だね。「居候《いそうろう》三杯目にはそっと出し」という川柳《せんりゅう》があるのを知っているかな。知っていても、実感はわかないという人が多いと思う。若い君たちでも、毎日

表8　食料消費量の推移

（単位:kg）

年度	1955	1965	1975	1980	1985	1995	2005	2015	2015年度/1955年度
コメ	110.7	111.7	88.0	78.9	74.6	67.8	61.4	54.6	0.49
小麦	25.1	29.0	31.5	32.2	31.7	32.8	31.7	33.0	1.31
イモ類	43.6	21.3	16.0	17.3	18.6	20.7	19.7	18.9	0.43
でんぷん	4.6	8.3	7.5	11.6	14.1	15.6	17.5	16.0	3.48
豆類	9.4	9.5	9.4	8.5	9.0	8.8	9.3	8.5	0.90
野菜	82.3	108.2	109.4	112.0	110.8	105.8	96.3	90.8	1.10
果実	12.3	28.5	42.5	38.8	38.2	42.2	43.1	35.5	2.89
肉類	3.2	9.2	17.9	22.5	22.9	28.5	28.5	30.7	9.59
鶏卵	3.7	11.3	13.7	14.3	14.5	17.2	16.6	16.7	4.51
牛乳・乳製品	12.1	37.5	53.6	65.3	70.6	91.2	91.8	91.1	7.53
魚介類	26.3	28.1	34.9	34.8	35.3	39.3	34.6	25.8	0.98
砂糖類	12.3	18.7	25.1	23.3	22.0	21.2	19.9	18.5	1.50
油脂類	2.7	6.3	10.9	12.6	14.0	14.6	14.6	14.2	5.26

注）「食料需給表」による。品目ごとに1人1年当たり供給量を表示。

三杯目のご飯をおかわりする人がどれほどいるだろう。そういえば、親類や知人の家に居候するという生活スタイルもあまり見かけなくなった。

国内生産の伸び以上に増え続けた日本の食料消費は、海外からの輸入によって支えられたんだ。だから、食料自給率が低下したわけだ。なかでもエサ用の穀物や油脂用の大豆《だいず》が大量に輸入されるようになった。

昭和の時代、つまり君たちのお父さんやお母さんが子供から大人に成長した時代の食料自給率の低下は、食生活の変化によってもたらされたと言うことができるね。では、君たちが育った平成の時代はどうか。表8でもある程度分かるが、品目によって多少の違いはあるものの、一九九〇年代に入る頃から、食料の消費量はそれほど大きく変化していないんだ。日本列島全体がほぼ満腹状態になったといったところかな。

人口の増加もペースダウンしている。二〇〇八年をピークに減少局面に転じたことも知っているね。

というわけで、食料自給率の分母の消費量は横ばいないしはいくぶん減少。けれども、図1で確認できるように、自給率の低下傾向にはなかなか歯止めがかからない。そうすると、この時期の自給率低下の原因は分子の国内生産の縮小であろうという推論が成り立つね。

実際、表7の農業生産指数の「総合」の数値は一九九〇年を境に低下しはじめる。とくに、それまでは健闘していた野菜・果実や畜産物の生産が縮小傾向に転じたことの影響が大きい。残念なことに、平成の食料自給率の低下は、主として国内農業の衰退によって生じているんだ。なお、農業生産指数の公表は二〇〇五年までなので、その後の生産の推移を同様のデータで確認することはできない。

自給率一〇五%なのに栄養不足?

思わず、残念なことになどと述べたが、もっと厳しく、日本の食料は危機的な状態にあると強調する人もいる。たしかに四割に満たない自給率は低すぎるという気もするね。

だったら、六割の自給率であれば安心だろうか。結論から言うと、食料自給率それ自体には、この水準を割り込むと危険だという境界線を引くことはできない。

分かりやすく説明するために、バングラデシュを例にとろう。バングラデシュについて得られる自給率のデータは穀物自給率だけだから、これを日本と比較してみる。56ページで紹介したデータによると、二〇一三年の日本の穀物自給率は二八％。これに対してバングラデシュは一〇五％。一〇〇％を超えていた。

けれども、バングラデシュの人々の食生活が日本より恵まれているなどとは誰も考えない。バングラデシュはアジアの最貧国のひとつであり、二〇一六年の一人当たりの年間所得は平均で一四一四ドル。日本円に換算して一六万円ぐらいの水準だ。これで一億六千万人が生活している。ちなみに同じ年の日本では三八八八三ドル。二七倍だね。

むろん、月に一万円ちょっとの所得では、満足のいく食事をとることは難しい。だから、前回の授業で説明したように、バングラデシュのある南アジアは栄養不足人口が集中している地域でもある。

日本とバングラデシュでは、食料自給率の分母（消費量）が大きく異なっているということだ。ようやく生きていくことができる食料消費の水準のもとで、バングラデシュの穀物自給率は一〇五％。一方の日本は、穀物を大量消費する豊かな食生活が前提となった二八％。そう考えると、自給率で二八％より一〇五％のほうが安心だなどとは言えないね。

　穀物自給率の分母の値、つまり一人当たりの穀物消費量では、日本がバングラデシュを大きく上回っている。二限目の授業で、穀物摂取量が九〇キロというデータを紹介したが（46ページ）、これは食べ物として口に入る量。このうちコメが五五キロだった。食べる量だけの比較ならば、バングラデシュのほうが多い。コメの消費は一〇〇キロを優に超えている。ところが、日本の穀物の年間消費量は二六〇キロに達している。食べる量の三倍に近い。

　コメを食べなくなった私たちは、肉類や卵や乳製品を潤沢《じゅんたく》に摂取している。ごちそうをたくさん食べているわけだ。これが穀物の大量の消費を意味するんだ。なぜならば、肉や卵や乳製品の生産には、飼料としての穀物がたくさん使われているからだ。

　初回の授業で紹介したように（37ページ）、牛肉一キロの生産に使われるトウモロコシは一一キロ。効率の良い卵の場合でも、一キロの生産にトウモロコシが三キロ必要だ。

大切なのは自給率より自給力

そうか、食料自給率が四〇％を割っているからといって、慌てる必要はないんだ。こんなふうに考えた人もいるだろうね。分母次第で高くもなり、低くもなると知って、自給率は頼りないと感じた人もいるはずだ。

いや、やはり四割以下では心配だと言う人もいると思う。日本の政府も食料自給率向上の目標を掲げているではないか。少なくとも五割の自給率は必要だ。こんな認識は大人の世界にもある。

このような議論を見通しよく整理するための鍵は、国産食料の絶対的な供給力という考え方だ。食料自給力と言ってもよい。自給率ならぬ、自給力というところがポイントだよ。

今の日本の農業や漁業の力でどれほどの食料を供給することができるか。精一杯頑張ったとして、どれぐらいのカロリーを確保することができるか。いざというときの食料確保の見通しは、私たちの生存に直結する重要な問題だ。食料安全保障、略して食料安保の問題だね。

大規模な自然災害や、あってはならないことだが、近隣で発生した国際的な武力衝突といった事態のもとで、かりに食料輸入が途絶えたとしても、この国に住む人々がなんとか生きていけるだけの食料が確保されていること、これを食料安全保障という。

いきなり物騒《ぶっそう》な話で面食《めんく》らったかもしれないが、食料については万が一の場合を想定しておくことも大切だ。食料は、これなしでは生きていくことができないという意味で、人間にとって絶対的な必需品だからだ。

二〇一五年の春に農林水産省が興味深い推計結果を公表した。農地面積や面積当たり収量などを前提条件として、どれだけのカロリー生産が可能かを推計したんだ。いくつかのパターンが想定されていた。そのひとつが、栄養のバランスを考慮せず、イモ類を中心にカロリーを最大化するパターンで、一人一日当たり二六五三キロカロリーという結果だった。カロリーとしては十分だね。けれども、朝昼晩イモばかりの毎日を覚悟しなければならない。

もうひとつのパターンを紹介すると、栄養のバランスをある程度考慮するとともに、コメ・小麦・大豆を中心にカロリーを最大にするかたち。コメや小麦や大豆であれば、ご馳走は無理でも、現在の食生活と極端に異なる食べ物ではないよね。ところが、このパターンでは一四四一キロカロリーしか生産できない。

いざというときに頼りにする点で、推計結果は潜在的な食料自給力を意味している。長期的にも耐えられそうな食べ方を前提にすると、現時点の食料自給力は十分とは言えないね。農業の後退が進んだ結果、この国の食料自給力は危険水域のレベルに低下していると言ってよい。

四割の食料自給率に対応する食料自給力が、例えば三〇〇〇キロカロリーであるならば、食料安全保障の観点から四割を憂慮《ゆうりょ》する必要はない。日本の場合、まともな食事が前提だと一四〇〇キロカロリー程度というところが問題なんだ。

しかも、農業生産の縮小傾向には歯止めがかかっていない。食料自給率の低下は食料自給力の低下にほかならないというわけだ。それが危険水域で起きている。この点こそが食料自給率問題の核心だ。

もうひとつ付け加えておく。それは、かりに試算の前提となった面積の農地が確保されていたとしても、それを使いこなす人がいなければ、お手上げだということだ。素人《しろうと》が見よう見まねでできるほど、農業は甘くない。しっかりした技術を備えた生産者の存在が、食料自給力を発揮するための大前提だ。この点は、次回の授業で学ぶことにしよう。

先ほども触れたが、政府も食料自給率を引き上げる目標を掲げることになった。二〇〇〇年のことだ。これも、食料自給率の低下イコール食料自給力の低下という認識を踏まえたうえでの決定だった。

問題の本質からすれば、自給力向上の目標とすべきだったかもしれない。そこのところを、なじみのある食料自給率の目標に置き換えて、分かりやすく表現したと考えればよいと思う。

安定した社会に欠かせない食料安全保障

毎日の食卓を演出する多彩な食品群。スーパーの店頭には、それこそ選ぶのにひと苦労するほどバラエティに富んだ食品が所狭《ところせま》しと並ぶ。デパ地下の食品売り場も活況を呈《てい》している。食料は生活に彩りを添える商品の代表だ。

けれども同時に、食料は生命と健康を維持するために不可欠な絶対的な必需品でもある。このように両極端の性質が同居しているところに、現代の食料の特徴がある。

だから、毎日の食生活をエンジョイしながらも、万が一の事態への準備も怠ってはならないというわけだ。ボーイスカウトのモットーは「備えよ常に」だそうだが、現代の食料の問題にも通じる心構えだと思う。

先ほどは、近隣の武力衝突などと述べて、君たちをギョッとさせたかもしれないね。もちろん、そんなことはあっては困るし、起こらないように努めるべきであることも言うまでもない。当然だね。それでも、絶対に起きないという保証はない。この世界には自分たちでコントロールできない要素がいくらでもあるからね。だから、食料安全保障が必要だというわけだ。

ただ、君たちにはここからさらに一歩踏み込んで考えてほしいと思う。それは、日本に暮らす私たちが、国内でお互いに、また、よその国の人々とのあいだに、思いやりのある関係を安定的に保持していくためにも、ミニマム（最小限）の食料の確保が大切だということ。

分かりにくいかな。こういうことだ。ミニマムの食料が確保されていて、しかも、

ミニマムの食料があってこその安定した暮らし

そのことをみんなが認識している状態は、私たちの判断に落ち着きを与え、私たちの行動に安定感をもたらすはずだ。心に余裕のある状態と言ってもよい。これが他者を思いやる気持ちのもとになる。

逆に、切迫《せっぱく》した事態が生じたとき、日本の食料自給力がこの国で暮らす半分の人々の食事しか支えられないとすれば、また、その事実が広く知れ渡っているとすると、それは非常に危うい状態だと思う。ちょっとした刺激に対して過剰な反応が飛び出してくることだって考えられる。

君たち自身がそんな状況におかれたときのことを想像してごらん。君たちに幼い子供がいるとすれば、どうだろう。近いうちに食料が底をつくとの不安が頭の中をよぎる中で、はたして冷静で安定した行動を維持できるだろうか。

自信がないだって？　それが正直なところかもしれない。だから、備えあれば憂いなしということなんだ。これを裏返せば、備えを欠いた状態は危険に満ちているわけだ。

この社会が内部から崩れていくリスクと言ってもよい。だから、毎日の食事をエンジョイしながらも、食料の安全保障をないがしろにしてはならないと思う。食料安保は落ち着いた社会を持続していくためのインフラ（基盤）だと考えるべきだ。

万能ではない市場経済と自由貿易

英語で食料安全保障のことをフード・セキュリティという。セキュリティという表現はカタカナ英語として定着しているが、この言葉の語源には心配のない状態という意味がある。

ところで、食料をめぐる国際会議などの場では、フード・セキュリティはいざというときの食料安全保障とは異なる意味合いの言葉として使われることが多い。どういうことかと言うと、すべての人々に必要な食料がつねに確保されている状態を指して、フード・セキュリティと表現するんだ。

毎日の食料に心配のない状態のことだね。現実にはそうなっていないからこそ、フード・セキュリティの問題が真剣に議論されているわけだ。

前回までに学んだとおり、食料が十分に確保できないのは購買力が不足していることによる。これが冷厳な事実だ。だから、国際社会が関心を寄せるフード・セキュリティとは、基本的には途上国の貧困層の問題だと言ってよい。

くどいようだが、食料は絶対的な必需品だ。言い換えれば、ミニマムの必要量が存在する。このことを念頭におくならば、一限目の授業（25ページ）で、三限目に考えることにしていた輸出禁止措置の意味も理解できるのではないかな。

穀物や大豆の価格高騰《こうとう》を受けて、二〇〇八年八月の時点で一二カ国が小麦やコメの輸出禁止措置《そち》を行っていたわけだが、これは自国民に食料をできるだけ安価に供給するための措置にほかならない。放置しておけば、食料が高価格に引き寄せられて海外に流れ出し、国内の価格が高騰することが目に見えていたからだ。

とくに途上国の場合、フード・セキュリティが揺らぐならば、基盤の不安定な政権がひっくり返るといった事態にもなりかねない。このような意味を含めて、食料の輸出禁止は独立国家としてのごく自然な防衛行動だったと思う。

国際社会もこうした行動を容認した。自由貿易の推進をとなえてきた多くの先進国も、ミニマムの食料の確保のための措置には寛容《かんよう》な姿勢を示している。絶対的な必需品としての食料の特質を考えるならば、ここは納得できるのではないかな。

たしかに市場経済やその国際版である自由貿易は、私たちの暮らしを豊かにしてくれる。何もかも自前《じまえ》で生産するよりも、それぞれが得意なものを集中的に生産して、その成果を互いに売り買いするシステムのほうが、全体としての富は増加するに違いない。

けれども、市場経済や自由貿易は万能ではない。食料に代表される絶対的な必需品については、かりに市場経済や自由貿易が機能不全《きのうふぜん》に陥った場合であっても、ミニマムの量が確保されていなければならない。また、そのための準備も怠るべきではない。

問題は行きすぎた農業保護

今回は、食料の特質についていろいろな角度から考えてきた。そろそろ準備ができたように思う。何の準備かって？　二限目の授業で宿題として残しておいた難問に取り組むための準備だ。

二限目の最後の部分を思い起こしてみよう。途上国側の主張によれば、先進国の農業保護政策は、食料を必要とする途上国に歓迎されるどころか、農業の発展を阻《そ》害《がい》するものとして、むしろ改めるべきだとされていた。

今回の授業で私は、食料の安全保障の見地から、日本の食料自給力のアップを図ることが必要だと論じてきた。途上国にすれば、この議論も受け入れがたいということになるのだろうか。先進国日本の食料安全保障の確保と、農業の発展による途上国のフード・セキュリティの改善は、両立させることができないのだろうか。

難しい問題だ。ここで世界中の誰もが納得できる具体的な解《かい》を提示するだけの自信は、正直言って私にもない。ただ、どこに問題のポイントがあるかは分かっているつもりだ。そのポイントとは、食料にはミニマムの必要量の領域と、ミニマムの量を超えた領域、いわば余裕の領域があることにほかならない。

ミニマムを超えた領域において、食料はときには贅沢品《ぜいたくひん》として生産され、ときにはよその国に売り込むビジネスのために生産される。国内の農業を保護する措置のすべてが問題なのではない。真の問題は、ミニマムの必要量の領域を超えたところにまで及んでいる過剰な農業保護だと考えるべきなんだ。

そんな保護政策があるのかと思うかな。あるんだよ。前回の授業で触れたとおり、先進国で保護を行っていないと胸を張れるのは近年のオセアニアだけ。しかも、保護政策を講《こう》じてきた先進国の中には、フランスやアメリカ、カナダのように、カロリー自給率が一〇〇％を超えている国もある。いずれもたっぷり食事をとっている国だから、ミニマムの領域と余裕の領域の境界線をはるかに超えたところに保護措置が及んでいると言ってよい。

どこまでをミニマムの領域とするか。ここは議論があるところだろうね。この時間に考えてきたことからすれば、潜在的な自給力で一人一日当たり二〇〇〇キロカロリーといったあたりがひとつの目安だと思う。国際社会がこの目安に賛同するかどうかは分からない。率直に議論すればよいと思う。

いま肝心なことは、食料について市場経済と自由貿易に委《ゆだ》ねておいてよい領域、ということは、過剰な保護政策を講じるべきではない領域と、国としてミニマムの必要量の確保に責任を持つべき領域があることについて、コンセンサス（合意）を得ていくことだ。

コンセンサスを得るうえで、二〇〇七年・〇八年の食料価格の高騰にさいして一〇を超える国が輸出禁止措置を講じたこと、そしてこれを国際社会が容認したことの意味は大きい。なぜならば、食料を輸出する側のフード・セキュリティを尊重することは、反射的に、輸入する側のフード・セキュリティを尊重することにもつながるはずだからだ。輸入する側のフード・セキュリティには、むろん食料安全保障の要素も含まれることになる。

というわけで、二〇〇七年・〇八年の価格高騰時の輸出禁止措置について、現時点でもう一度思い起こしてみるべきだと思う。食料輸入国がミニマムの食料自給力を確保することについて、国際社会の理解を得るためだ。仲間を作ることも大事だね。なかでも日本と同じ方向に歩んでいる東アジアとの交流が大事だ。交流の第一歩は、すでに食料の海外依存度が高くなっている韓国や台湾とのあいだで認識を共有することだと思う。

自給率に現れた日本農業の特徴

今回は、食料自給率からスタートして、農業保護政策をめぐる国際的なルールの問題にまで議論を進めてきた。話がずいぶん大きくなり、いささか力こぶが入りすぎた気がしないでもない。そんなわけで、ここで身近な話題である食料自給率に戻ることにしよう。図1（92ページ）をもう一度見てもらうことになるよ。

この原稿を書いているのは二〇一七年一二月の最終週。まもなくセンター試験を皮切りに、大学入試のシーズンに入る時期だ。そんなわけで、食料自給率に話題を変えようと一息入れた今、二〇〇九年の出来事を思い起こすことになった。二〇〇九年の一月から二月にかけて、私は入試の業務でずいぶん張り詰めた日々を送っていた。というのは、たまたま東京大学全体の入試実施委員長を務めていたからだ。

受験生はむろん緊張の連続だが、大学の教職員にとっても入試は特別の心構えで臨む業務なんだ。ミスは許されないからね。二月の東大の試験当日は、責任者として学内の入試実施本部に終日缶詰め状態となった。

気を緩めることのできない時間が続く。それでも忙中閑《ぼうちゅうかん》あり。エアポケットのようなひとときがある。そんなときに、受験生が格闘中の試験問題を眺めてみる。印象的だったのは東大前期日程の地理の問題。三分の一が食料と農業に関する出題で、しかも、その半分以上が食料自給率についての設問だった。

難しかったのではないかと思う。例えば、都道府県ごとにカロリー自給率と生産額自給率を示したうえで、カロリー自給率が低い地域の農業の特徴を述べなさい、といった具合だ。いいところを突いているね。というのは、カロリー自給率と生産額自給率の違いに、日本の農業の特徴がよく現れているからだ。

図1で、ふたつの総合自給率が次第に低下してきた様子が分かる。ただ、どちらも低下しているけれども、ごく最近の動きを別にすれば、カロリー自給率のほうが低下の幅が大きかった。

つまり、ふたつの自給率の差が開いてきたわけだ。一九六〇年の生産額自給率の九三%はカロリー自給率七九%の一・一八倍だったが、二〇〇〇年について同じ割り算をすると、一・七八倍だ。

なぜだろう。理由は三つある。

ひとつは、国産の野菜が頑張っていることだ。例えばレタスはほぼ一〇〇%国産。日本の食料自給率を高めることに貢献している。ただし、それは生産額自給率についてだけなんだ。レタスにカロリーはほとんどないからね。もちろん経済的な価値はある。不作の年には、一玉四〇〇円などということもあるよね。

カロリーはほとんどなくても、経済価値はある。こんな共通点を持つ野菜全体の自給率は、今も八割程度を維持している。品目別に見ても、キャベツや白菜やナスといったおなじみの野菜はほぼ一〇〇％国産だ。ハウス栽培も盛んで、トマトやキュウリやサラダ菜などの生産は、土地の狭い日本の条件下でも農業経営として十分成立している。けれども、野菜農家の頑張りに対してカロリー自給率は冷淡だ。

ふたつの自給率の差が開いたもうひとつの理由は、消費者が国産品を高く評価している品目が少なくないことだ。牛肉やサクランボがよい例だ。オージービーフに比べれば和牛の値段が高いことは知っているね。佐藤錦《さとうにしき》、これはサクランボの品種だけど、やはりアメリカンチェリーよりも値段が張る。おいしいからね。高い評価に応《こた》えて農家も頑張っている。

国産の牛肉やサクランボの頑張りは、カロリー自給率よりも生産額自給率に大きく反映される。同じ一キロのオージービーフと和牛の場合、カロリーはほぼ一対一だが、経済的な価値は一対三、あるいはそれ以上だからだ。国産で品質の良い畜産

物や果物の頑張りも、ふたつの自給率に開きをもたらすというわけだね。

三番目の理由。これは自給率の計算上の約束で、畜産物のエサの扱いがカロリー自給率と生産額自給率で異なっていることだ。カロリー自給率の場合、その畜産物自体は一〇〇%国産であっても、畜産物の生産に使ったエサの九〇%が輸入品であれば、畜産物も九〇%が輸入されたとみなすことになっている。

いま例にあげた数値は卵の実態に近い。卵の国産品の割合は二〇一六年で九七％だった。ずいぶん高い自給率だね。頑張っていると言っていい。ところが卵の生産に使われる飼料の自給率は、同じ年に一三％だった。だからカロリー自給率の計算では、国内で生産された卵の一割ちょっとだけが国産ということになる。

一方、生産額自給率については、畜産物が国内で生産されていれば、国産としてカウントされる。厳密に言うと、輸入飼料について多少差し引く部分もあるが、ここでの議論の大筋《おおすじ》には影響しない。

というわけで、国産の畜産物の頑張りは、生産額自給率を押し上げるけれども、カロリー自給率の引き上げにはつながらない。むしろ、カロリー自給率を引き下げてしまう面もある。なぜか。日本の飼料の自給率が全体で三割以下の低い水準にあるからだ。いま確認した約束ごとのもとでは、とくにエサの自給率の低い鶏肉や卵の場合、頑張れば頑張るほど、輸入品とみなされる畜産物を増やす結果になる。豚肉についても同じことが言えるんだ。

変な約束だと思うかい。たしかに頑張ると自給率が下がるというのでは、納得できないかもしれない。けれども、こう考えることもできる。それは、その自給率がどの点に目をつけているかによって、結果にも違いが出てくるということなんだ。もう少し説明するよ。

畜産物の場合、その生産工程には農業が二回登場する。最初の農業は飼料を生産する農業で、あとの農業はその飼料を使って畜産物を生産する農業だ。どちらの農業も国内で行われているならば、問題はない。どちらも外国の場合にも、自給率の計算に面倒は生じない。

問題は、エサづくりの農業が外国で、畜産物の生産が国内のケースだ。この場合、どちらの農業についても自給率を評価することは可能だ。つまり、エサづくりの段階で評価しているのがカロリー自給率で、畜産物への加工の段階で評価しているのが生産額自給率だと考えることができる。

だから、ふたつとも意味のある自給率なんだ。エサなしには畜産物の生産はお手上げだから、カロリー自給率の考え方には一理ある。一方、国内の畜産の頑張りは産業の振興と雇用機会の確保にもつながるから、生産額自給率も重要な指標として役に立っているんだ。

限られた土地のもとで、経済的な価値の高い作物や畜産物を生み出す点に日本の農業の強みがある。野菜や果物や畜産物の頑張りが、いま述べた三つの理由を通じて生産額自給率を支え、ふたつの食料自給率に開きをもたらしたわけだ。

とはいうものの、図1の最近の動きはやはり気になるね。なぜなら生産額自給率の低下のテンポが速まっているからだ。実は、表7（94ページ）の生産指数についで確認したように、日本農業の得意な分野である野菜・果樹・畜産物の生産にも陰りが生じている。それが自給率の動きに反映されはじめた面がある。

心配だという声も聞こえてくる。けれども、ここは冷静な分析が必要だ。品目によって生産の停滞の理由に違いがあり、処方箋《しょほうせん》も異なってくるはずだからだ。

例えば野菜。生産停滞の大きな理由は一人当たり消費量の減少だ。表8（96ページ）でも確認できるね。自給率が高いのに消費量が減っている点で、コメに似ているところがあるんだ。栄養学の専門家は、野菜の摂取量が減ってきたことを憂慮している。食生活の見直しが必要であり、野菜を少しでも多く食べることは、野菜の生産が停滞から脱却することにもつながるはずだ。

輸入品に押されている品目もある。豚肉なんかがそうだね。自給率も五割台に低下した。外国産の比較的安価な豚肉がスーパーの店頭に並んでいることは、君たちも知っているんじゃないかな。

たしかに価格競争では、なかなか対抗しがたい面がある。けれども、品質で勝負する戦略は日本農業のお家芸《いえげい》であり、豚肉も例外ではない。最近のスーパーには、外国産の豚肉の隣に地域のブランド名のついた国産の豚肉が並んでいることも多いんだ。

どうやら、食料自給率の問題から農業の問題に話題が移ってきた。このあたりで三限目の授業は終わりにして、次回にあらためて日本の農業の現状について考えてみることにしよう。

四限目

土地に恵まれない日本の農業は本当に弱いのか？

土地が限られた日本にも元気な農業がある

どうだろう。前回の授業を通じて、食料自給率がけっこう奥の深いテーマであることが分かったと思う。単純に高ければよいというわけではないし、下がった場合にも、まずはその原因を理解することが大切なんだ。

食料自給率の変化の要因を探求していくと、それぞれの国の食生活や農業に特徴的な動きも見えてくる。日本の農業にも、頑張って伸びてきた農業と、長いあいだ縮小傾向の続く農業のあることが分かったね。伸びた農業とは野菜や果実や畜産物であり、縮小したのはコメや麦や豆。

縮小傾向の品目はカロリー型の作物という点で共通している。頑張って伸びてきた農業にも共通項がある。それは、カロリー型の品目に比べると、土地面積当たりの収益《しゅうえき》が大きいことだ。

表9　農業のタイプ別にみた所得と労働時間（2015年）

（単位：万円・時間・ヘクタール）

		10a当たり収入	10a当たり経費	10a当たり所得	10a当たり労働時間	農地面積
水田作	都府県	11.0	8.9	2.1	41.2	2.1
	北海道	11.4	7.2	4.1	17.9	14.6
野菜作	露地野菜	28.4	17.6	10.8	154.8	2.0
	施設野菜	48.4	28.5	19.9	212.9	2.5
果樹作		35.4	22.4	13.1	196.9	1.6
酪農	都府県	61.7	50.0	11.7	75.6	7.2
	北海道	12.9	10.2	2.7	13.7	58.9
養豚		582.4	472.1	110.3	460.1	1.2

注）「農業経営統計調査」による。収入－経費＝所得。

統計で確認してみよう。表9には、野菜作《やさいさく》・果樹作《かじゅさく》・酪農《らくのう》・養豚《ようとん》の四種類の農業経営のデータが示されている。一〇アール当たりの収入・経費・所《しょ》得《とく》・労働時間、それに農地面積だ。一〇アールとは一ヘクタールの一〇分の一で一〇〇〇平方メートル。収入から経費を差し引いた残りが所得だね。

野菜作は露地《ろじ》野菜と施設《しせつ》野菜に区別してある。施設野菜の施設とは、ガラスハウスやビニールハウスのことだ。

酪農については、北海道と都府県に分けた。北海道では広い土地を利用し

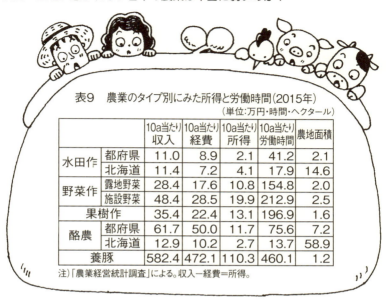

た飼料生産が酪農経営の重要な要素であるのに対して、土地の制約の強い都府県ではエサに占める購入飼料の割合が高いという違いがあるからだ。

野菜作から養豚までの四種類の農業経営と比較するため、水田作《すいでんさく》のデータも同じかたちで用意した。稲作《いなさく》が中心だが、五〇年近く続いた減反《げんたん》政策もあることから、小麦や大豆《だいず》を生産している場合も多い。

減反とは、過剰生産となったコメの生産を制限するための政策のことだ。減反の反は面積の単位で、ほぼ一〇アール。稲作の面積を減らす政策だから、減反政策と呼ばれてきた。政策の正式の名称はコメの生産調整だ。

水田作も北海道と都府県を分けてある。規模がずいぶん違うからね。この点の理由についても、のちほど考えてみるつもりだ。

四種類の農業経営の一〇アール当たりの収入は、北海道の酪農を除いて、水田作経営のそれを大きく上回っている。ただし、経費が多いことも考慮する必要がある。収入から経費を差し引いた残りが所得だと述べたが、これを付加価値《ふかかち》と言い換えてもいい。つまり、農業生産によって資材費などの経費を超える価値、つまり付加価値が生み出されたわけだ。それが農業を営む人々の所得になっているということだね。

そこで土地面積当たりの所得に注目すると、やはり野菜作・果樹作・畜産（都府県の酪農と養豚）が水田作の何倍もの水準であることが分かる。とくに養豚や施設野菜の所得の高さが目立つ。養豚も、子豚から親豚まで豚舎《とんしゃ》の中で飼われているから、一種の施設型農業だね。施設の中でエサを与えて肉や卵を生産する畜産のことを、加工型畜産と表現することもある。

大きな付加価値を生み出すためには、それだけ一生懸命働く必要がある。実際、土地当たりの労働時間も、野菜作・果樹作・畜産が水田作より断然多いことを確認できるね。つまり、土地当たりの付加価値の大きい農業は、限られた面積の土地を舞台に、経費と労働を集中的に投入する農業なんだ。

野菜や果実はもともと手間のかかる農業だし、高品質の品物を丹精《たんせい》込めて生産し

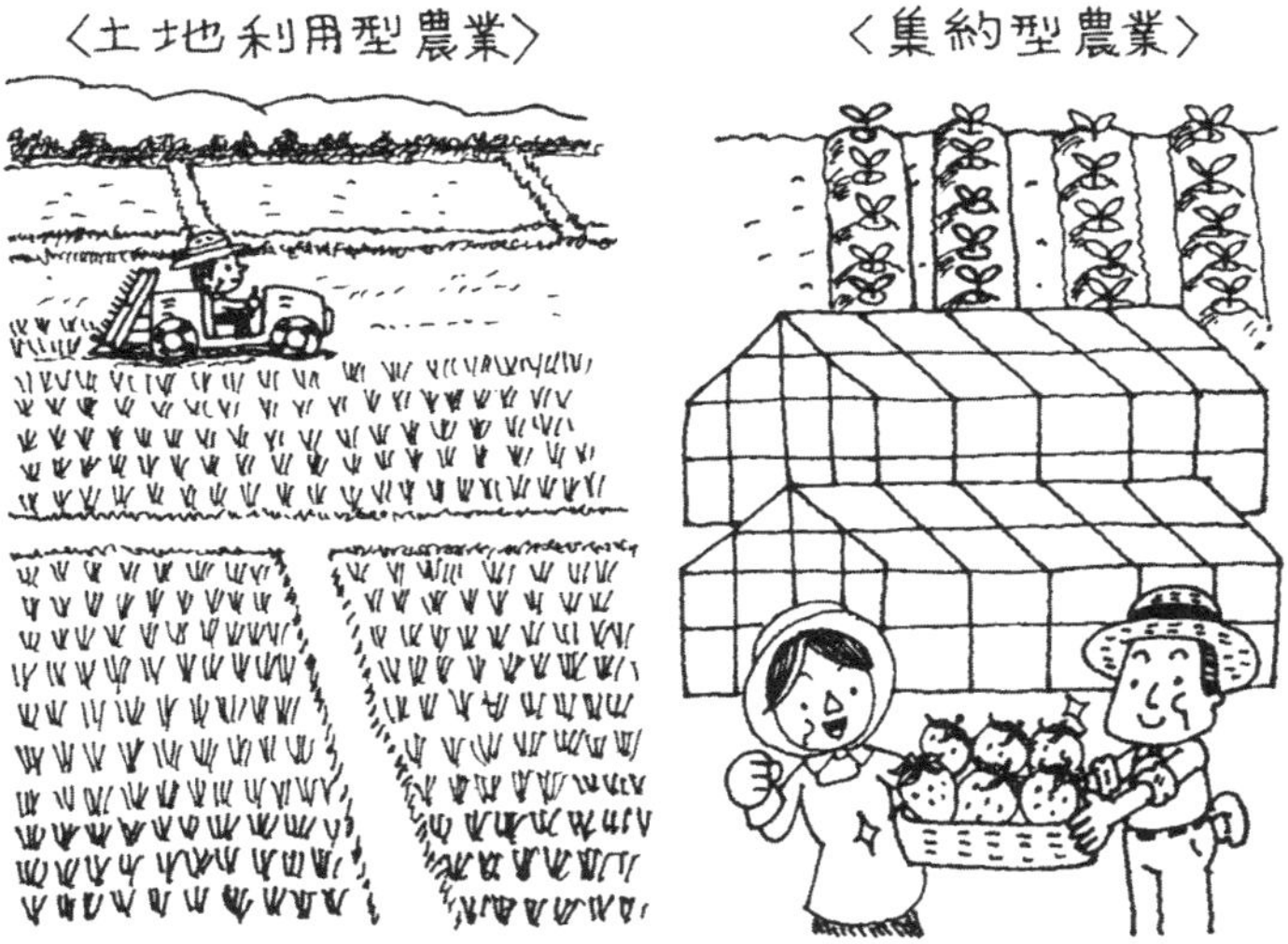

ている面もある。それに施設型の農業の場合、一年を通じて作業が可能だという強みもある。施設が年に何回も回転するわけだ。もちろん、ハウスや豚舎の建設と維持にもお金がかかる。

こうした特徴をまとめて表現するため、集約型《しゅうやくがた》農業という用語を使うことがある。土地をあまり使わない農業という意味で、土地《とち》節約型《せつやくがた》農業と表現する場合もある。

野菜作や果樹作や畜産は頑張って伸びてきた。消費の増加が生産の伸びを支えてきた面もあるが、農業経営も大きく変わった。規模を拡大することを通じて、農業以外の産業と同じレベルの所得を生む農業経営に成長したケースも少なくない。したがって、農業だけで生計《せいけい》を立てている専業農家《せんぎょうのうか》も多い。

ただし、規模の拡大といっても、農地の面積を大きく広げたわけではないんだ。集約型農業の成長のポイントは、農地をあまり必要とすることなく規模の拡大が可能だった点にある。土地に恵まれない日本の条件のもとで、広い土地を使わない農業に活路《かつろ》を見いだした点で、集約型農業の分野は実に賢く適応したと思う。

気がかりなのは飼料や燃料の価格

もちろん、施設型農業は新しいタイプの農業だったから、技術的にも経営的にも苦労があったはずだ。私自身、思い切った設備投資が裏目に出た畜産農家や、病害の蔓延《まんえん》で一年の収穫の大半を失った経験を持つ施設野菜農家を知っている。けれども、全体としてみれば、集約型農業は日本農業の牽引車《けんいんしゃ》としての役割を果たしてきたと言ってよい。若い後継者も育っている。

それだけに、前回の授業でも触れたように、表7（94ページ）に現れた近年の動きが気になるんだ。海外からの農産物に押され気味の品目もある。果実がそうだね。近頃はスーパーにも熱帯地方の果物が並んでいる。パパイヤやマンゴーなどだ。全体の消費が伸び悩む中で、輸入品に押された分だけ国産の果物の消費が減っているわけだ。

もうひとつ気がかりなのは、飼料や燃料の価格だ。初回の授業で二〇〇七年・〇八年の食料価格の高騰について詳しく述べたが、このとき日本国内の農業で大きなダメージを受けたのは、飼料用穀物《こくもつ》を大量に使用している畜産経営だった。

また、同じ時期に生じた燃料価格の急騰《きゅうとう》は施設園芸を直撃した。ハウスを加温《かおん》することで冬でも野菜を供給できるところに施設園芸の強みがあるのだが、高い燃料費が経営を圧迫するマイナス要因に転じたわけだ。

幸いと言うべきだろうが、食料市場は沈静化し、石油の価格も落ち着きを取り戻した。けれども、二〇〇七年・〇八年と似た状態が訪れないという保証はない。食料市場は次第に逼迫《ひっぱく》基調に移行するとの見通しを一限目に紹介したが、石油についても楽観はできない。

埋蔵量《まいぞうりょう》に限りがある中で、採掘量《さいくつりょう》はいずれ頭打ちから減少に転じるとも言われている。石油燃料と飼料穀物に強く依存する施設型の農業は、その持続性に注意信号が点滅していると見たほうがよさそうだ。

注意信号を感知したとして、では、どうすればよいか。いろいろな取り組みが考えられる。例えば、食品の廃棄物を飼料にする取り組み。実はすでに始まっていて、エコフィードなどと呼ぶこともある。この場合のフィードとはエサのこと。

地域社会のエネルギー利用の体系を組み立て直す中で、施設園芸に重油《じゅうゆ》のようなレベルの高い燃料を直接使うのではなく、ほかの産業で生じた二次的・三次的な廃《はい》熱《ねつ》をうまく使うといったアイデアもある。太陽熱を施設園芸に有効に利用する革新技術も模索されている。

どれも簡単なことではない。エコフィードは着実に増えているが、まだ飼料の一割に達していない。エネルギー利用の見直しも緒《ちょ》についたばかりだ。ここは技術開発のパワーに大いに期待したいところだ。

大いに期待すると同時に、このさい根本のところを考え直してみる必要があるかもしれないね。何を考え直すかって？　それは、私たちの食べ方についてだ。

真冬に赤い温室トマトが食卓に並ぶ暮らしは、本当に幸せなことなんだろうか。もともと草食性の動物である牛に大量の穀物を与えている現代の畜産は、どこか不自然ではないか。ということは、その乳や肉をおいしくいただいている私たちの食生活にも不自然なところがありはしないか。

こんなふうに食生活のあり方を考えてみる。考えてみる価値はあると思うし、食料や石油の価格高騰は、考えるきっかけを与えてくれたような気もする。

そんなわけで、たしかに集約型の農業にも問題はある。けれども、前向きの明るいニュースが多い点も集約型農業の特徴だ。例えば企業による農業への参入。とくに初期には施設野菜の事例が目立った。しばしばマスコミが報道する植物工場も、施設園芸の一種だね。

集約型農業の分野では、農家による農業が発展して企業的な農業に生まれ変わったケースも少なくない。法人化した農業経営というわけだ。畜産や花づくりの分野に多い。何人もの従業員を雇うことも、ごく普通に行われている。

集約型の農業、とくに施設型農業の場合、人を雇うのに向いている面があることも見逃せない。それは年間を通じて仕事があることだ。畜産は年中コンスタントに作業があるし、一年に何サイクルもの生産を繰り返す施設園芸も仕事の繁閑《はんかん》の波が比較的小さい。

意識的に一年を通じて仕事に切れ目ができないような作付《さくつ》けのプランを考えることもある。これもハウスの内部環境をコントロールしている施設園芸だからこそ可能だというわけだ。

そうはいかないのが稲作。農繁期《のうはんき》と農閑期《のうかんき》がはっきりしているから、稲作だけで年間を通じて人を雇うことは難しい。

世代交代が進まない土地利用型農業

ここでいったん集約型農業から離れることにしよう。これからしばらくは、コメや麦や大豆の話だ。今回の授業の最初に、コメ・麦・豆はカロリー型の農業という点で共通していると述べた。イモもこの仲間だ。

共通項という意味では、土地利用型《とちりようがた》農業としてくくることもできるね。土地をあまり使わない集約型農業は土地節約型農業だと言ったが、これとは対照的な土地利用型農業。施設型農業が工場生産の色彩を帯びているのに対して、広い大地に展開する土地利用型農業は、それこそ農業らしい農業だと言ってよい。

その農業らしい農業、とくに水田農業が心配な状態だ。極端に高齢化が進んでいるからだ。最初にデータを確認しておく。そのうえで、どうして心配な状態になったかについて考えてみよう。

表10は、水田で農業を営んでいる農家の経済状態を規模別に示したものだ。ふたつの統計を組み合わせた特殊な集計結果であるため、二〇〇六年のものしか公表されていない。けれども、ここで述べる問題が一〇年以上前にも現れていたことを確認できるという点では、古いデータでも有益だ。負け惜しみじゃないよ。

まず、一ヘクタール未満の農家が多

表10　規模別にみた水田作農家の現状（2006年）

作付面積	水稲作付農家戸数（千戸）	同左割合（%）	経営主の平均年齢（歳）	農業所得	農外所得	年金等収入	総所得
				（万円）			
0.5ha未満	591	42.2	66.7	−9.9	256.5	239.2	485.8
0.5〜1.0	432	30.8	65.7	1.5	292.0	209.4	502.9
1.0〜2.0	246	17.5	64.6	47.6	246.4	153.8	447.8
2.0〜3.0	67	4.7	62.3	120.2	218.5	110.2	448.9
3.0〜5.0	39	2.8	61.4	191.0	180.8	113.2	485.0
5.0〜7.0	21	1.5	58.3	304.5	147.5	68.2	520.2
7.0〜10.0			58.7	375.6	115.9	77.9	569.4
10.0〜15.0	5	0.4	55.7	543.3	151.1	48.9	743.3
15.0〜20.0	2	0.1	52.6	707.4	69.7	45.1	822.2
20.0ha以上			53.3	1,227.2	116.2	52.8	1,396.2

注）「農業経営統計調査」「農林業センサス」による。農業にタッチしない世帯員の所得は、一部を除いて表の所得の欄には含まれていない。

数を占めていることを確認できる。農家数で七三％だ。そして、この七三％の農家の経営主の平均年齢が六〇歳代後半に達していることも確認できる。

世代の交代が進んでいないことは明らかだ。むろん、水田作の農家がおしなべて高齢化しているわけではない。一〇ヘクタールを超える規模では、平均年齢は五〇歳代だ。ただし、この規模の農家の割合はわずかに〇・五％。これが現実だ。

日本の水田農業にとって、一ヘクタールの規模には特別の意味がある。というのは、第二次大戦後の農地改革《のうちかいかく》で戦前からの地主制《じぬしせい》が解体され、多くの自作農《じさくのう》が生まれたわけだが、北海道を別として、そのときの自作農の規模はほぼ一ヘクタールだったからだ。

自作農とは自分の所有する農地で耕作する農家のことで、地主から農地を借りて耕作した戦前の小作農《こさくのう》との違いを強調する表現でもある。

表10を見ると、農地改革から半世紀以上が経過した時点でも、一ヘクタール前後の規模の農家が多数派であることが分かる。むろん、規模を拡大した農家が存在し

ないわけではない。けれども、その数は少なく、平均すれば水田作農家の規模は二ヘクタールに達していない。

農地改革から間もない一九五五年が、高度経済成長のスタートの年だったことは前回の授業で述べた。それから六〇年後の今も、水田農業の平均規模はそれほど変わっていないわけだ。これでは十分な所得を手にすることはできない。十分な所得とは、農業以外の産業で働く人と同程度の所得という意味だよ。

経済成長は一人当たりの所得の増加をもたらす。一限目の授業でも触れたが、この六〇年でどれぐらい所得が増えたかというと、驚くなかれ、七倍以上だ。物価の上昇分を差し引いたのちの実質の所得で七倍強。

この国では六〇年前と比較して、一人当たりで七倍の物やサービスを生み出す力を手にし、七倍の物やサービスを消費する豊かな暮らしを実現したわけだ。もちろん、生産を大きく拡大するためには、パワフルな技術革新と設備投資が不可欠だ。製造業であれば、作業能率の飛躍的に向上した大型工場が新設されるといったかたちだね。

農業でも技術革新と設備投資が進んだ。ただ、その成果がはっきりしていたのは集約型農業の領域に限られていたんだ。典型的には、ハウスの施設園芸や近代的な畜舎による畜産だね。作業効率の改善にもめざましいものがあった。

これに対して水田農業の場合、設備投資にあたるのは農地面積の拡大であり、技術革新のポイントは広い面積を能率的に耕作できる大型機械の導入だった。しかしながら、この点で日本の水田農業が十分な成果を収めたとは言いがたい。

規模の拡大が技術的に不可能だったわけではない。現に、今日の北海道の水田地帯では一〇ヘクタールの農家はごく当たり前の存在だ。しかしながら北海道以外の地域では、一ヘクタール以下の小規模農家がいまなお多数派だ。なぜだろう。

日本農業のシンボル＝水田が消える？

兼業農家《けんぎょうのうか》という言葉を知っているかな。農業を営むと同時に、農業以外にも仕事を持っている農家という意味だ。戦後の日本の水田地帯では、兼業農家が急速に増えたんだ。

このことはふたつの意味で、水田農業の規模拡大を抑制する方向に働いた。ひとつは、十分ではない農業の所得を農業以外の仕事で補うことができたから、無理に農業の規模を拡大する必要がなくなったことだ。

もうひとつ、多くの農家が兼業農家として農地の耕作を続けることは、規模を拡大しようという農家にとって、拡大に必要な農地を手に入れにくくなることを意味した。もちろん、兼業農家の農地を無理に取りあげて規模拡大に回すなどという乱暴なことはできない。日本は私有財産を大切にする自由経済の国であり、憲法にも財産権の尊重がうたわれている。

もっとも、日本中どこでも兼業農業が可能だったわけではない。北海道の農村部や、都府県でも奥深い山村では、兼業農家として世帯を維持することは困難だった。

なぜなら、毎日通える範囲では農業以外の勤め先が乏しかったからだ。

その結果、経済成長が進むにつれて、北海道の農家は規模を拡大して農業で多くの所得を確保するか、農業以外の仕事を求めて村を離れるかという選択を迫られることになった。結果的に村を去ることになった農家の農地は、村に残った農家の規模拡大に使われた。

水田地帯に限らず、今日の北海道には西ヨーロッパと肩を並べる水準の農場が多数存在しているが、その背後には厳しい離農《りのう》の現実があったことを忘れてはならないと思う。

一方、奥深い山間部《さんかんぶ》の場合、地域に残って農業の規模拡大を行うことも難しい。働き盛りの若い人から村を去り、いわゆる過疎《かそ》問題が深刻化することになった。ちなみに過疎という言葉は、日本経済の成長のエンジンが全開状態にあった一九六〇年代後半の造語だ。

北海道の農村地帯や奥深い山間部を別にすれば、近隣に勤め先を確保することはそう難しくはなかった。経済成長のおかげで、地方都市やその周辺の農村部にも雇用機会が広がったからだ。

君たちに日本経済が好調だった時代の話をすることは、なんとなく気が引ける。高度成長の再来とまでは言わないが、誰もが仕事の機会を安定的に確保できる社会をぜひ実現したいものだ。それに、これからの農業は雇用機会の創出《そうしゅつ》に一役買うことができるのではないかとも思う。この点はのちほど考えてみることにする。

ともあれ、通える範囲に農業以外の雇用機会があるならば、負担にならない程度に農業を続けながら、収入の多くを勤務先で確保する生活スタイルを選ぶことは合理的だった。別の町に新しく住宅を求める必要もない。この意味でも、多くの農家が選びとった兼業農家としてのライフスタイルは賢い選択だったと思う。

もっとも、兼業農家の場合も、当初から農業以外の仕事が中心だったわけではない。はじめは農閑期に建設現場で働くかたちや、都会に出稼《でかせ》ぎに出るかたちが多かったんだ。兼業農家の第一世代の働き方だね。

ところがその子供の第二世代になると、会社員や工員や公務員など、多くは最初からフルタイムの勤務先を選ぶようになる。基本的には、農家以外の若者が就職するさいのスタイルと変わりがないわけだ。

それに兼業農家の第二世代になると、全体として農業への関わり方が浅くなる傾向にある。仕事のあるウィークデーに田んぼに出ることはできないし、技術的な知識と経験も概《がい》して乏しい。

それでも、全国の水田が荒れることなく維持されているのは、第一世代の頑張りがあったからだ。昭和一桁《ひとけた》生まれの頑張りだと言ってもいいね。

その昭和一桁生まれのベテランが引退の時期を迎えている。昭和一桁世代の一番年若の人が二〇一九年には八五歳。農業者の健康寿命は長いとも言われているが、無理をお願いすることはできない。加えて、兼業農家の第二世代もそろそろリタイアの時期に差し掛かることになる。

表10（137ページ）では、小規模な農家の経営主の平均年齢が、一〇年以上前の段階で六〇歳代後半であることを確認したが、この要因は兼業農家や山間部の小規模農家の世代交代が進んでいないことだ。水田農業は大きな転機を迎えている。

このまま放置するならば、各地で水田の耕作が行われなくなり、ドミノ倒しのように荒廃農地が広がる事態も考えられないではない。一枚の田が放棄されると、そこが虫や小動物や雑草の巣になって、まわりの水田にも悪影響が及ぶからだ。

二〇一五年の時点で耕作放棄地《こうさくほうきち》は四二・三万ヘクタールに達していた。半端な面積ではない。現在の耕作されている農地面積が四四四万ヘクタールだったことを思い起こしてほしい。水田農業の再建が急務だと思う。

一〇ヘクタールは大規模か

急務であると同時に、今がチャンスという面もあるんだ。とくに平地の水田農業は大きく変わる可能性がある。というのは、高齢農業者の引退が進む中で、農地を貸したいと考える農家が増えているからだ。

農地が余り、人が足りない状態だね。これは、本格的に農業を始めたい人や農業の比重を高めたい人にとって、農地を容易に手にすることができる状態にほかならない。だから、チャンスというわけだ。

単に規模を拡大すればよいわけではない。魅力ある農業経営、そう、君たちのような若者を惹《ひ》きつける農業であるためには、すぐあとに述べるように、農業経営の厚みを増すための工夫も不可欠だと思う。

もちろん、ある程度の面積は必要だ。この点については、ふたつのことを理解しておくことが大切だ。

ひとつは、例えば一〇ヘクタールの水田農業も、所得の水準から言えば、農業以外の産業の勤労者と肩を並べることができるかどうかのレベルだということ。表10で確認できるね。一〇ヘクタール前後の規模の場合、農業所得は三〇〇万円台の後半から五〇〇万円台といったところ。

昔に比べて米価《べいか》がずいぶん下がったことの影響もあって、とても高所得などとは言えない水準だ。同じ年に、勤労者世帯の年間収入は六三〇万円で、このうち世帯《せたい》主《ぬし》の定期収入は四三一万円だった。だから、一〇ヘクタール程度の水田農業を大規模経営などと表現すべきではない。これが私の持論だ。一〇ヘクタールの農家は、二ヘクタールに達しない現実の水田作農家の平均値をはるかに上回る規模だが、そこで生み出される所得はまことにささやかな水準だからだ。

理解が必要なもうひとつの点は、一〇ヘクタール程度の稲作であれば、十分に高

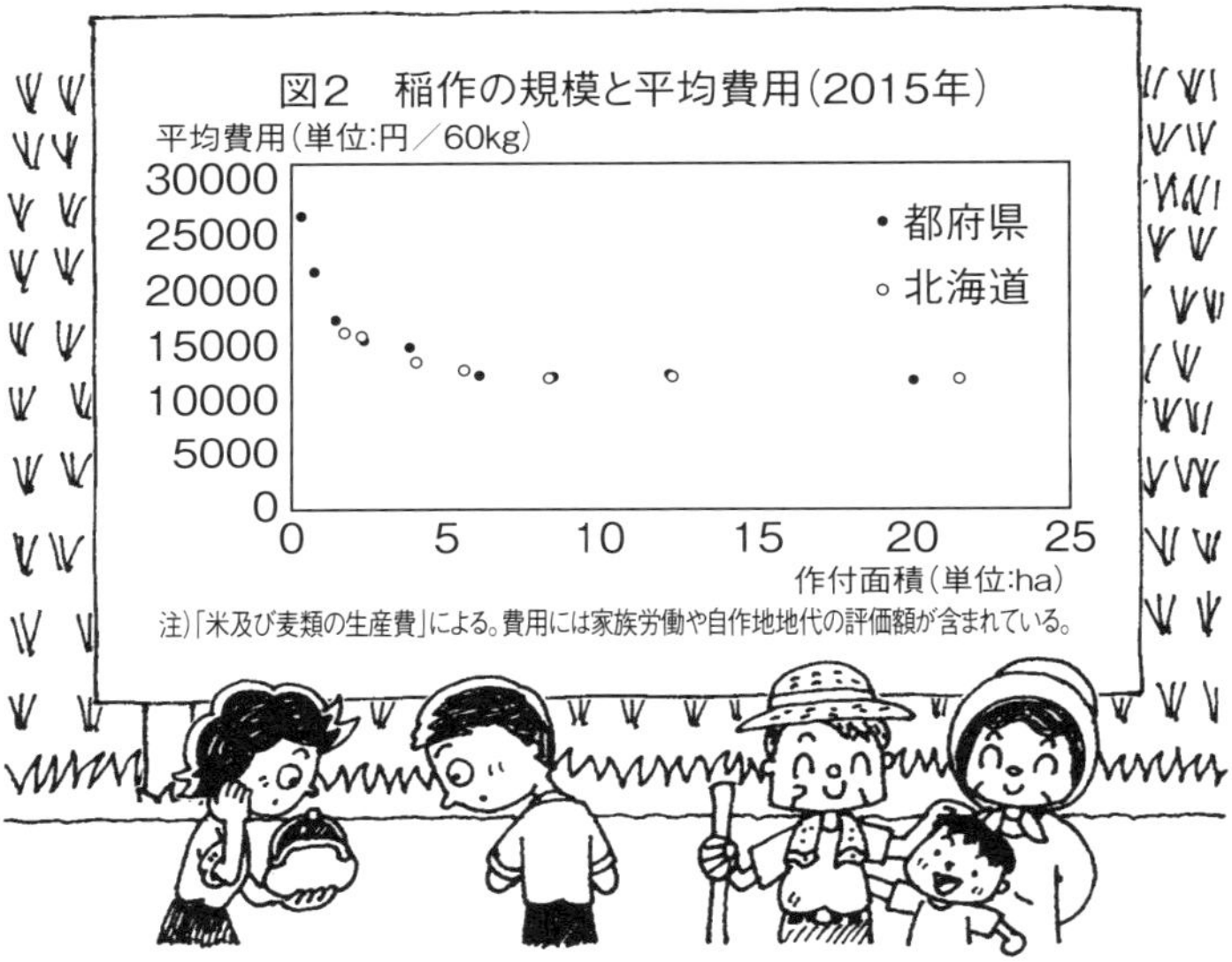

注)「米及び麦類の生産費」による。費用には家族労働や自作地地代の評価額が含まれている。

い生産性が実現していることだ。

図2を見てごらん。これは、コメの六〇キログラム当たりの生産コストと稲作の規模の関係をグラフで表したものだ。生産コストとは、肥料代や機械の費用などの経費に労賃や地代を加えた金額のことだ。図2のもとになった統計では、家族の労働費や自分の土地の地代についても、見積り額を計上している。

都府県と北海道を分けて示したが、傾向は似ているね。最初は規模が大きくなるにつれてコストが下がるが、五ヘクタール付近であまり下がらなくなり、その後はほぼ横ばい状態になる。ということは、一〇ヘクタール程度の規模に達するならば、日本の水田農業の条件のもとで、もっともコストの低い状態が実現しているわけだ。ベストの生産性が実現していると言いかえてもよい。

コストは低いに越したことはない。機械を効率的に使うことは資源の節約になるし、労働時間を節約できれば、浮いた時間を別の仕事に振り向けることもできる。そんなコストダウンの有力な方法が規模拡大であることは間違いない。

ところが、規模拡大の効果が働くのは五ヘクタールを少し越えるあたりまでということを、図2のデータは物語っているわけだ。ときどき、アメリカ並みの数百ヘクタールの規模になれば、日本の稲作にも飛躍的なコストダウンが実現し、国際的な競争力も回復するといった議論を目にする。図2を見る限り、あまり現実味のある話ではなさそうだね。

というわけで、ある程度の規模は必要だと述べたその規模は、一〇ヘクタールあたりのことを指しているつもりだ。兼業農家や趣味の農業は別だよ。本格的な職業として水田農業に取り組む場合の話だ。

実際には、もう少し小さな面積でもよいかもしれない。なぜならば、これからの土地利用型農業の活路は経営の厚みを増すことにあると思うからだ。経営の厚みの増し方次第では、面積はそれほど広くなくてもよい場合があるはずだ。

土地利用型農業の活路となる三つの工夫

では、経営の厚みを増すとはどういうことか。三つの工夫がある。

ひとつは土地利用型農業の生産物の価値を高める工夫だ。有機《ゆうき》農業の生産物が典型だが、環境保全型《かんきょうほぜんがた》農業の取り組みは生産物の販売単価を引き上げることにもつながる。多少値段が高くても、環境に配慮した農家の生産物を食べたいという消費者は少なくないからね。

ついでに言うと、農薬や化学肥料の使用を抑えた環境保全型農業については、規模の大きな農家ほど取り組みの割合が高いことも、統計によって確認されている。環境保全型農業にはたしかな技術が必要だし、手間《てま》もかかる。片手間の農業では難しいわけだ。

厚みを増すもうひとつの工夫、それは土地利用型農業に集約型の農業を組み合わせることだ。例えば高級な果実の栽培と水田農業の組み合わせ、あるいはイチゴのハウス栽培と水田農業の組み合わせなどがある。私が勝手に考えたのではない。どちらも実践例があり、優れた成果が生まれているんだ。

地域の伝統野菜の復活に活躍している水田農業の経営者もいるよ。もちろん、立地条件によって組み合わせの相手となる品目は変わる。なぜならば、生産可能な作物は地域によって違っているし、同じ作物でも気象条件次第で栽培の時期が異なる場合も多いからだ。

そして厚みを増す第三の工夫は、農産物の加工や流通に取り組むことだ。加工や

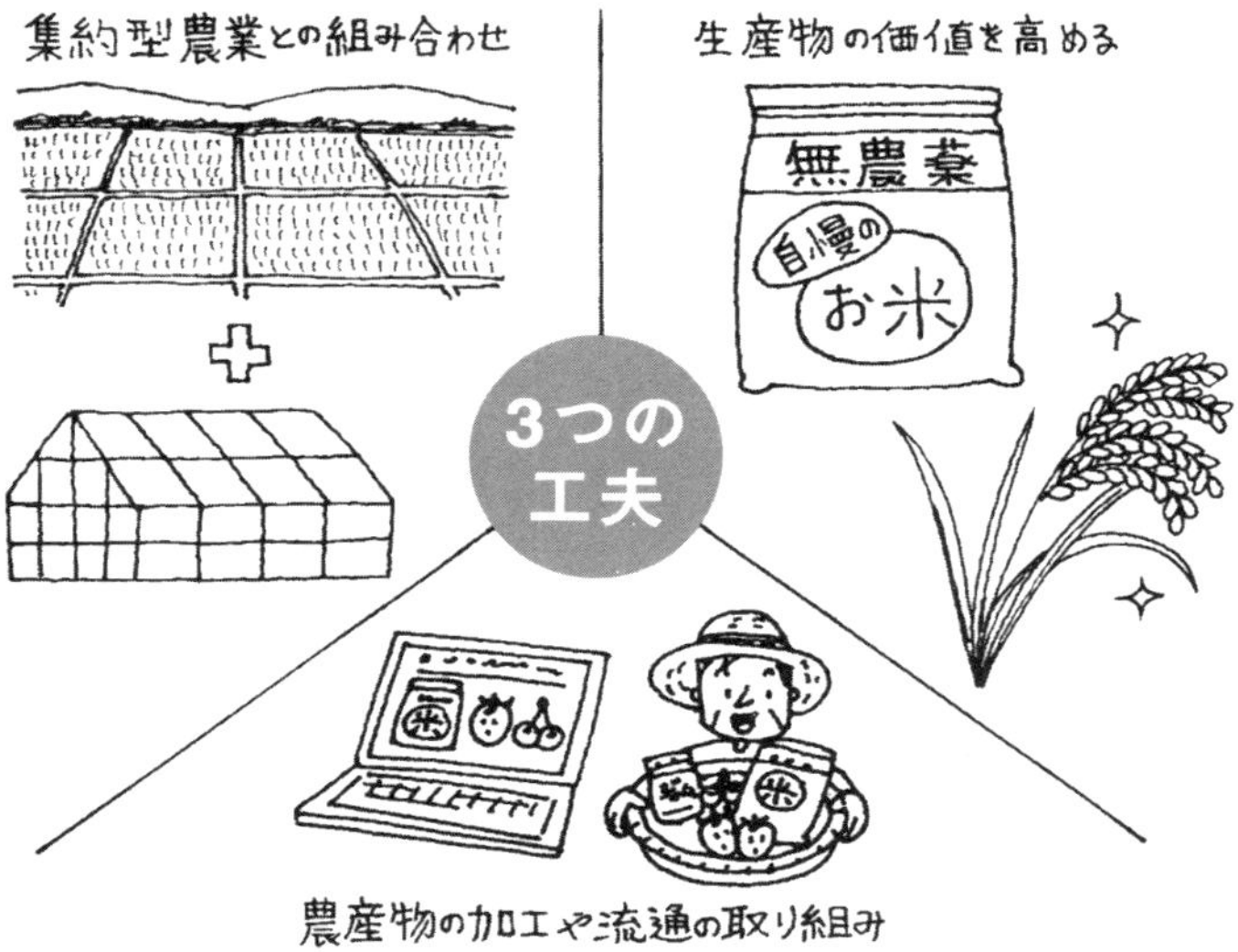

流通といっても、なにも大げさなことを考えなくていい。もち米を餅に加工すれば食品製造業だね。おコメを農《のう》協《きょう》に出荷《しゅっか》するだけでなく、直接消費者に届ける農家が増えている。こうした農家は流通業の一翼を担っているわけだ。農家レストランを開業している例もある。外食産業への進出だ。女性が活躍していることが多い。

食品の加工と流通、それに外食産業を総称して食品産業と呼んでいるが、経営の厚みを増す第三の工夫は、農業から食品産業へのビジネスの拡大だと表現することもできるね。農業経営だからといって、活動を農業の世界だけに限定する必要はないんだ。

どの農家も一ヘクタール前後の農地を所有し、どの農家もおコメを中心に同じ作物を生産し、納屋などで農耕用の牛や馬を一頭飼っている。これが昔の農業のイメージだった。

今は違う。ここでは一〇ヘクタール程度の農地面積を念頭に、農業経営の厚みを増す工夫について学んだわけだが、工夫の中身によって農家のセールスポイントは多彩なものになるはずだ。

面積も一〇ヘクタールを目安にしたが、実際には二〇ヘクタール、あるいはそれ以上の面積の家族経営もあるし、厚みを増す工夫次第で、もっと小さな面積で専業の農業が十分成り立つ可能性があるとも述べた。

多彩なメンバーが支える農村コミュニティ

さまざまなタイプの農家からなるコミュニティ。これが現代の農村の姿だと思う。農家の中には兼業農家もあってよい。高齢化によるリタイアとともに兼業農家の数は減るだろうが、休日や早朝の農作業が大好きという勤め人がいなくなるとは思われない。大型機械に向いている作業は、近所の専業農家に頼むという手もある。定年帰農《ていねんきのう》という言葉を知っているかな。定年退職をきっかけに農業に力を入れてみようというわけだ。私などには、ちょっぴりうらやましい話だね。これは意外だと思うかもしれないが、最近の新規就農者の半数は六〇歳以上というデータもあるんだ。

さまざまなタイプの農家のコミュニティと述べたが、農家だけではない。農業生産の第一線は離れたけれども、地域でいっしょに暮らしている世帯。いわば元《もと》農家も農村コミュニティの一員だ。農業用水路や農道《のうどう》の管理作業には元農家の世帯員《せたいいん》も参加しているケースが少なくない。

長い目で見ると、兼業農家に育った若者や、元農家の家族として身近に農業に接してきた若者の中から、地域の農業を背負って立つ人材が生まれることもあるはずだ。今の時代、農地をどれだけ所有しているかで農業経営の成果が決まるわけではない。足りない農地は借りることができるからだ。

地域の農地の所有者の皆さんから、この人ならばていねいに耕してくれるから安心だと信頼される人物であるかどうか。周囲の農地を引き受けるだけのパワーの持ち主であるかどうか。農地を借りる力が、これからの土地利用型農業の勝負の決め手なんだ。

農家単位の農業とは異なるタイプの農業経営も増えている。法人《ほうじん》形態による農業だ。なかには一〇〇ヘクタールを超える規模の土地利用型農業を営む法人も存在する。このクラスであれば大規模農業と表現してよいかもしれないね。

もっとも、こうした法人農業はかなり多くの従業員を雇っているのが普通だ。だから、何組もの作業ユニットが同時並行的に仕事を進めるかたちが多い。むろん、一〇〇ヘクタールともなれば、機械や施設の効率的な利用によるいっそうのコストダウン効果もあるだろう。

ただ、私の見るところ、それにも増して大型法人経営の強さが発揮されるのは、むしろ加工や販売の領域ではないかと思う。一〇〇ヘクタールを超えるような規模であれば、加工する作物の種類を増やすことができるし、直売《ちょくばい》の店舗《てんぽ》を維持するだけの売り上げも期待できる。それに、従業員として加工や販売の分野が得意な人材を雇うことだって可能だ。普通の農家には難しいことだ。

農家単位の農業と異なるタイプといえば、集落営農《しゅうらくえいのう》と呼ばれる組織的な農業も忘れてはならない。

集落とは農村コミュニティの基礎的な単位だ。日本には一三万八千の農村集落がある。二〇一五年の農業センサスのデータだ。センサスとは国勢調査のような全数調査のこと。農業では五年ごとに行われている。

同じ二〇一五年の農業センサスによると、日本の農家は二一六万戸。同じ年の農地面積が四五〇万ヘクタール。ということは、ひとつの集落には平均一六戸の農家と三三ヘクタールの農地がある計算だ。

実際には大きな集落もあれば、小さな集落もある。そこで集落営農だが、ひとつの集落を単位に、あるいは数集落を単位として、農家が共同で作業を行ったり、計画的に作付け作物を決めるやり方のことを言う。専業農家と兼業農家が役割を分担するかたちもあれば、兼業農家だけからなる集落営農もある。

元気のいい集落営農の中には、加工や販売や農家レストランに挑戦している例もある。こうなると、大型法人経営の活動のスタイルと重なってくるね。事実、法人化している集落営農もけっこうあるんだ。

法人農業や集落営農にも大いに期待したい。とくに農業に夢を持つ若者を受け入れるとすれば、これらの組織的な農業が中心的な役割を果たすはずだ。

都会の出身者はもちろんのこと、農村出身者でも農地をあまり持たない世帯の若者にとって、農業を始めることは非常に難しかった。農家に嫁《とつ》ぐか、婿養子《むこようし》となる。かつては、これしか農業への参入ルートはなかったと言ってよい。

この点も今は違う。法人農業の従業員として就職し、経験を積んだのちに自分の経営を立ち上げることは十分可能だ。集落営農の一員として参加し、次第に引き受ける仕事を増やしていくことで専業農家に成長する道もある。農業版のキャリアパスといったところだね。

キャリアパスなどと言われて、急に農業が身近に感じられるようになった人がいるかもしれないね。この授業もいよいよ次が最終回。私たちと農業・農村のつながりについてさまざまな角度から考えてみるつもりだ。

五限目

食料は安価な外国産に任せて本当によいのか？

外国産が国産より安いのはなぜか

日本の農業の国際競争力は弱い。愉快なことではないが、これは事実だ。もちろん、品質の良さで勝負する日本の農産物には、国際社会で十分通用するものも少なくない。現に、農産物の輸出はアジア向けを中心に徐々に増えている。けれども価格で勝負となると、全体に旗色が悪いことは否定できない。

外国産の野菜が国産品に比べて安いことは知っているね。コメだって、外国産と競争することになれば、国産米《こくさんまい》のかなりの部分は負けて撤退するはずだ。そうなっていないのは、輸入米《ゆにゅうまい》に関税《かんぜい》がかけられているからだ。高い関税を払ったのでは採算がとれないために、コメの輸入はごくわずかにとどまっている。

前回の授業で取りあげた図2（148ページ）によって、一〇ヘクタール程度の規模の稲作《いなさく》になれば、コスト水準でベストの状態になることを確認したね。ところが、このレベルに到達したとしても、海外にはこれよりも安く生産されるコメがあるんだ。

例えば、オーストラリア東部のニューサウスウェールズ州のコメ生産。私が一九九〇年代後半に訪れた農場では、今年の稲は五〇〇ヘクタールに作付《さくつ》ける計画だなどと語ってくれた。当時の日本の稲作平均の千倍近い規模だ。超大型の機械を駆使《くし》するから、作業の能率も日本とは比べものにならないほど高い。

急いで付け加えておく。それは、今世紀に入ってオーストラリアの稲作が極端に縮小していることだ。繰り返される干《かん》ばつによる深刻な水不足の影響だ。このケースに限らないが、外国の農家もさまざまな苦労を重ねていることは知っておいてよいと思う。

規模ではなく、人件費が安いことで高い競争力を発揮するコメもある。中国のコメが典型だよ。中国の一人当たりの所得は日本の五分の一。目覚ましい経済成長を遂げてきたが、まだまだ平均的な所得は低い。それだけ安い賃金で人を雇うことができる。

実は、地図から受ける広大な国土という印象とは異なって、中国の農家の規模は小さい。日本の農家の三分の一という報告もあるし、調査のために何度も中国の農村を訪れた私自身の経験からも、日本以上に零細な農業であることは間違いない。それでも価格競争力があるのは、賃金が安いからだ。おしなべて賃金が低いから、肥料や農機具のような生産資材《せいさんしざい》も比較的安価に供給される。これも競争力に結びつく。コメ以外の農産物についても言えるね。

割高で競争力がないならば、いっそのこと農産物は海外から調達《ちょうたつ》することにして、日本は得意な工業製品の生産に集中すればよい。こんな議論もないわけではない。というよりも、そうしたほうがお互いに利益があると考えるのが経済理論の基本なんだ。比較優位《ひかくゆうい》の原理《げんり》という。

112ページでも触れたが、どの国もあれもこれもと中途半端に生産するよりも、それぞれの国が得意な品目に特化すれば、世界全体の生産物の総量は大きくなる。大きくなった総量を分けあうことで、中途半端な状態よりも豊かな生活を送ることができる。簡単に言えば、こんな考え方だ。

これは、国と国だけでなく、人と人についてもあてはまる面があるね。各人が別の仕事を持っている状態は、それぞれが得意とする分野に集中することで、社会全体の富を大きくすることにつながるからだ。分業《ぶんぎょう》の利益だね。

日本に農業が必要なわけ

では、経済学の教えに従って、食料は海外の割安の生産者にお任せでよいのだろうか。そうは思わない。日本に農業は必要だ。ふたつ理由がある。

ひとつは、経済学の教えについては、それが有効な領域と有効ではない領域があるからだ。この点については、フード・セキュリティの問題として、すでに三限目の授業で触れた。食料には市場経済・自由貿易に委《ゆだ》ねておいてよい領域と、国とし

てミニマムの必要量を確保しておくべき領域がある、と述べた部分だね（115ページ）。

経済学の教えはどこでも、いつでも有効だというわけではない。私自身は、経済学が有効な領域を明確にしておくことも、経済学が果たすべき務めだと考えているんだ。

日本に農業が必要だと考えるふたつめの理由については、現代の経済学もある程度は認識している。それは、物やサービスを作り出す人々の営みには、物やサービスとは別に副産物を提供している場合があることだ。とくに農業ではこの副産物が重要なんだ。

例えば、水田が地下水のかん養《よう》や洪水防止に役立っていることや、いつまでも飽きることのない棚田《たなだ》の景観などが、農業の副産物というわけだ。植物を育てる営みだから、二酸化炭素を吸収し、酸素を供給する作用があることも重要だね。これらの副産物を総称して、農業の多面的機能《ためんてききのう》と呼ぶこともある。

というわけで、国内の農業の真の価値は、農産物そのものの価値と副産物の価値の合計だと考える必要がある。農業の真の価値を前提にするならば、外国産よりも割高であっても、国内で農業を営むほうがお得だというケースもあるはずだ。

ところが、現実の市場経済は副産物の価値を考慮することができない。つまり、通常の農産物の取引の場面では副産物に対価が支払われることはない。なぜならば、農業の多面的機能の多くは、生産の現場から周囲に向かって自然にわき出ていて、日頃はほとんど意識されることなく、不特定多数の人々のもとに届けられているからだ。地下水のかん養の効果なんかを考えてみれば分かるよね。

この意味で、副産物は市場経済の外側でやりとりされているわけだ。したがって、市場経済は副産物の価値を損得勘定《そんとくかんじょう》に算入《さんにゅう》することもできない。

けれども、社会全体の利益という観点に立つとき、副産物の価値を適正に評価すべきであり、この点を含めてその産業のあり方について判断すべきだとするのが、オーソドックスな経済学の立場なんだ。

新しい理論ではない。一八九〇年にイギリスの経済学者マーシャルがその著作『経済学原理』で論じたのが始まりだ。現代の経済学の標準的なテキストでは、副産物のことを外部効果《がいぶこうか》と表現している。市場経済の外側で受け渡される効果という意味だ。

なかには迷惑な効果もある。例えば、産業活動に伴う騒音や有害物質の排出だ。こちらは副産物というより副作用だね。

農業にも副作用が心配な面がある。例えば、散布した肥料が湖などに流れ込んで水質汚染を引き起こすといったケースだ。そうならないよう十分に注意する必要があるね。こうした困った副作用の場合も、市場経済は考慮できないのが普通だ。むろん、放置してよいというわけではない。

そこで国や地方自治体の出番だ。副作用の大きい産業には規制を加える。税金をかけて利益が小さくなるようにして、副作用を伴う生産活動にブレーキをかけることも考えられる。ヨーロッパから徐々に広がっている炭素税《たんそぜい》も、本質的には同じ発想の制度だね。

逆に、副産物に高い価値が認められる産業には、助成措置《じょせいそち》を講《こう》じることで頑張ってもらう。ヨーロッパで四〇年以上続いている山岳・丘陵地帯の農業に対する補助金が代表的なケースだ。日本でも、二〇〇〇年から山間部《さんかんぶ》の農業に対する助成措置が講《こう》じられている。

このように政府には、社会全体の利益を増進する観点から、市場経済が考慮できない面について意識的に補正する役割が求められているわけだ。

もちろん、国や地方自治体でなくてもよい。ボランティアの組織が棚田を支えているケースもある。経済学の立場から解釈すれば、ボランティアの活動も万全とは言えない市場経済の機能を補正する重要な役割を果たしている。

お金に換算できないところに農業の価値がある

水源かん養、洪水防止、景観形成など、農業の多面的機能はそれこそ多種多様だ。これらを金額に直すとどれほどかといった試算が、農林水産省によって行われたことがある。二〇年ほど前のことで、総額六兆九千億円だった。当時の農産物の総生産額一〇兆円弱と比較して、ずいぶん大きいという印象を持ったことを覚えている。

正直に言えば、これで農業の大切な価値が評価されたことになるのだろうかとも感じた。お金に換算できないところにこそ、農業の価値の本領があるのではないかとの思いからだった。

このように述べている今、私の頭の中にはふたつのことがらが浮かんでいる。

ひとつは、生命体を相手にする農業の営みが身近に存在することが、現代社会に生きる人間にとって大切だという思いだ。現実の私たちには、自分自身が生き物であるにもかかわらず、他の生き物と接触する機会がほとんどない。いわば不自然な状態にあるわけだ。

お金に換算できないもうひとつの大切なもの。それは農村コミュニティの共同の力だ。農家は地域のさまざまな共同の取り組みに参加し、共同の力が個々の農家を支えている。これも農村では当たり前のことなんだ。都会が学ぶべきことだとも思う。

いのちと向きあう面白さと難しさ

具体的に考えてみたいが、その前にひとこと。この五限目の授業の議論は、食料を海外の生産者に委ねてよいかという問いから始まったね。それで、日本に農業が必要な理由を考えてきたわけだ。ひとつは食料安全保障だ。

もうひとつの理由については、現代の経済学もある程度は認識していると述べた。「ある程度は」という煮え切らない表現が気になった人がいたかもしれない。そうだとすれば、なかなか鋭いね。

こんな意味で述べたつもりだ。つまり、金額に換算できるような外部効果については、経済学も無視できない要素として、理論体系の中に組み込んできた。けれども、お金に換算できない大切な要素については、人間の生き方の根源に関わる問題であって、経済学には荷が重すぎるんだ。

私自身にも、大切な価値だからこそ、お金に換算などしてほしくないという気持ちがある。そんな思いからの話として、続きを読んでほしい。

英語にグロウ（grow）という単語があるよね。生命体を対象とする農業には、グロウという表現がふさわしい。これに対して工業はメイク（make）だ。もちろん、メイクも知ってるね。なんだ、「育てる」と「作る」を英語に直しただけじゃないかと思うかもしれない。そうではない。英語を使ったことには意味がある。

グロウは他動詞としては「育てる」だけど、自動詞としては「育つ」だね。つまり、英語ではしばしば同じ単語が自動詞と他動詞として使われる。みずから育ちゆく生命体を育ててあげる。こんな農業の本質を表現するには、自動詞であり、他動詞でもある英語のグロウがぴったりなんだ。

メイクはどうか。辞書を引いてみれば分かるが、こちらも自動詞の意味がないわけではない。けれども特殊な表現にまれに使われるだけで、普通は他動詞として通用している。工業生産は一方的な働きかけの工程だから、他動詞のメイクでよい。

みずから育ちゆくものを育ててあげることは、思いのままにならない存在を相手にすることだと言ってもよい。しかも、作物にせよ、家畜《かちく》にせよ、まったく同一の個体はありえない。それぞれに個性的だ。生命体だから当然のことだね。

そんな植物や動物を相手にする農業には、鋭い観察力が要求されるし、迅速《じんそく》な行動力も必要だ。様子がおかしい作物があれば、原因を突き止めたうえで、的確な手

立てを早く打たなければならない。お医者さんの仕事に似ているね。

力仕事もある。難産《なんざん》の母牛から子牛を取り出すような作業には、細心の注意とそれなりの腕力が必要だ。教科書を読んだだけ、先生の話を聞いただけではどうにもならない世界でもある。

経験がものを言うわけだが、とくに土地利用型《とちりようがた》農業の場合、多くの作物は一年に一回のサイクルで栽培される。だから、経験を積むチャンスが頻繁《ひんぱん》に与えられるわけではない。この点、製造業であれば、年間を通じて同じ工程が何度となく繰り返される。一年に何度もどころか、一日に同じプロセスを何回も反復するタイプの仕事もあるね。

農業では鋭い観察力が大切だと言った理由のひとつは、その観察力を発揮する機会が少ないからなんだ。例えば、稲の苗を育てるハウスの温度管理の経験は、春先の数週間に限られる。てきぱきした行動力を活かす機会も、一年のうちの特定の時期だけということが多い。質の良い果実を生産するための摘花《てきか》作業なんかは、開花期に集中的に行われる。

季節とともに作業のリズムがはっきりしているから、失敗はそれこそ取り返しのつかないことになる。普通の農家ではまずないことだが、かりに苗作りに失敗するとすれば、その年の稲作に多くを期待することはできない。失敗の経験を活かしたくても、一年先まで待たなければならないわけだ。

もうひとつ大事なことがある。それは、農業が作物や動物の育つ環境に働きかける営みだという点だ。製造業は素材そのものを加工する。これに対して、農業生産では水分や温度・湿度の調節は行うが、そこから先は作物の生命力に頼るしかない。肥料も無理に植物にねじ込むわけではない。吸収しやすいかたちで添えてやるわけだ。動物を飼う場合に畜舎の環境に気を遣《つか》うことは言うまでもない。

いろいろ述べたが、いずれも農業という営みの基本的な特徴だ。こんな当たり前のことから、農業の難しさと面白さが生まれるわけだ。などと偉そうなことを書いたが、私自身に農業実践の経歴があるわけではない。君たちの中には農業高校や農業大学校の生徒や卒業生もいるはずで、そうであれば、ここで述べていることについて私よりもよく知っていると思う。

二〇代から三〇代にかけて、農業を少し手伝ったことはある。群馬県で四条植えの機械で田植えを一週間、北海道では搾乳《さくにゅう》や牧草収穫の助手を三週間。農業を研究するのに、農作業の実感を知らないのはまずいと考えたからだ。農家に泊まり込みの体験だった。

プロの農業者の仕事ぶりに接することができたのは、大変有益でありがたかった。

とてもかなわないと思うことが多かったが、それだけに農業の難しさと面白さを自分なりに伝えることが大切だとも感じた。

そんな経験もあって、現在の福島の勤務地に移るまでは、田植えや稲刈りのまねごとに出かけていた。行く先は長野県の飯山《いいやま》で、研究室の学生もいっしょだ。まねごとであっても、生き物と触れあい、土にじかに接する喜びを感じることはできる。もちろん、この楽しさはお金に換算などできないし、したくもないね。

もうひとつの宝は農村コミュニティの共同力

話を戻そう。次の話題は農村コミュニティの共同の力についてだ。先ほど、お金に換算不可能なもうひとつの宝だと述べたが、この思いも自分自身の体験から発している。

大学を卒業後、国の研究機関に配属されたのが一九七六年。農事試験場《のうじしけんじょう》という古風な名前の勤務先で、埼玉県の鴻巣《こうのす》市にあった。残念ながら現在の鴻巣に農事試験場はない。筑波《つくば》に移転後の跡地は、同じ試験場でも運転免許の試験場になっている。

私にとって最初の職場だった農事試験場には、農業水利《すいり》の専門家がおられた。この先輩が新米《しんまい》の私を各地の農業用水の現場に連れて行ってくれた。愛知県の明治用《めいじよう》水《すい》や香川県の満濃池《まんのういけ》のようなメジャーな農業用水から、小さな村の名もない水路に至るまで、実によく歩いた。

満濃池は空海《くうかい》が改修したので有名なため池だ。瀬戸内地方は雨が少なく、ため池が多いことで知られているが、満濃池は日本で最大のため池なんだ。

先輩の導きもあって、農業水利は若い頃の私の研究テーマのひとつとなった。村の水利用のルールを詳しく調べた日々がなつかしい。村の長老からの聞き取りや埃《ほこり》をかぶった古い資料とのにらめっこで、水不足の年の水配分のルールや水路の保全管理の共同作業の取り決めなどを調査した。

水路やため池の保全を共同で行う慣行《かんこう》は、日本全国どの村でも確認できる。春先

には各世帯からひとりずつが集まり、みんなで水路の泥浚《どろさら》いを行うとともに、水漏《みずも》れがないように補修作業も実施する。水田地帯には兼業農家が多いから、共同作業は休日に設定されるのが普通だ。

農業用水路だけではない。農道《のうどう》の補修、公民館の維持管理、祭りの準備など、村には実に多くの共同の取り組みがあるんだ。

身の回りの施設や環境は自分たちの手で管理し、みんなで大切に利用する。農村ではこれが当たり前のことだ。各人がコミュニティに貢献し、各人がコミュニティに支えられる。共助《きょうじょ》・共存《きょうぞん》の原理だと言ってよい。

困った隣人に手を差しのべることも、共助・共存の原理にかなっている。今は助ける側にある自分自身にサポートが必要になること、あるいは自分の子供や孫が困った境遇におかれることだって考えられるからだ。

対照的なのは都会の暮らしだ。多くの都会では、身の回りの設備や住環境の保全に住民自身が直接タッチすることはほとんどなくなった。代わりに行政が仕事をしてくれるわけだ。たしかに楽になったかもしれないが、自分たちのことは自分たちでという人間社会の基本動作が失われてしまったことも事実だ。

隣近所のコミュニケーションの希薄な地域も多くなった。その極端なケースが誰も気づかない中での孤独死だが、農村ではありえないことだ。住民自治が形骸化《けいがいか》し、相互の助けあいも後退している都会の人々は、今も生きている農村の共同の精神に謙虚に学ぶべきだと思う。

遠くなった農業の現場

農業と農村が身近にあることの意味は大きい。生命産業の真髄《しんずい》に触れることができるし、コミュニティの共同の力に接することもできるからだ。けれども実際には、農業の現場と毎日の食卓が遠く離れてしまった現実がある。食と農の距離の拡大と表現することもあるね。聞いたことがあると思う。

この場合の距離の拡大の意味だが、ひとつには文字どおり物理的な輸送距離の拡大だ。食料自給率《しょくりょうじきゅうりつ》の低下は、海外から輸入される食べ物の増加を意味する。つまり、食料自給率が下がるにつれて食料の輸送も遠距離化したというわけだ。

フード・マイレージという言葉を知っているかな。食料の重量と輸送距離のかけ算によって得られる値のことで、日本は世界で一番大きいフード・マイレージの国だというデータもある。

フード・マイレージのアイデアは、イギリスの消費者運動家のティム・ラングさんによるものだ。一九九四年のことで、当初の英語の表現はフード・マイルズだった。それが日本ではマイレージとなったが、航空会社のマイレージ・サービスでおなじみの言葉が使われたようだ。

フード・マイレージが考案された背景には、エネルギー問題に対する懸念《けねん》があった。輸送距離が長くなると、輸送に必要なエネルギーも増加するからだ。CO_2排出量の増加と言いかえてもいいね。

もっとも、必要なエネルギーは輸送手段にもよるから、フード・マイレージがそのままエネルギー消費のバロメーターになるわけではない。航空機の輸送であれば、船舶に比べてけた違いのエネルギーが消費されるからだ。

むろん同じ輸送手段であれば、フード・マイレージが小さいほど環境への負荷は小さいはずだから、この指標に意味がないわけではない。というよりも、どんな指標も万能なわけではない。そこをわきまえて使うべし、ということだね。

真に豊かな食生活とは

食と農の距離の拡大には、物理的な輸送距離の拡大と並んで、農産物が消費者の手に届くまでに、ずいぶん多くの企業や人間の手を経由するようになった面もある。

ちょっと意外に思うかもしれないが、消費者の飲食費支出のうち生鮮品の購入に

図３　農産物・水産物の生産から食品の最終消費に至る流れ（2011年）

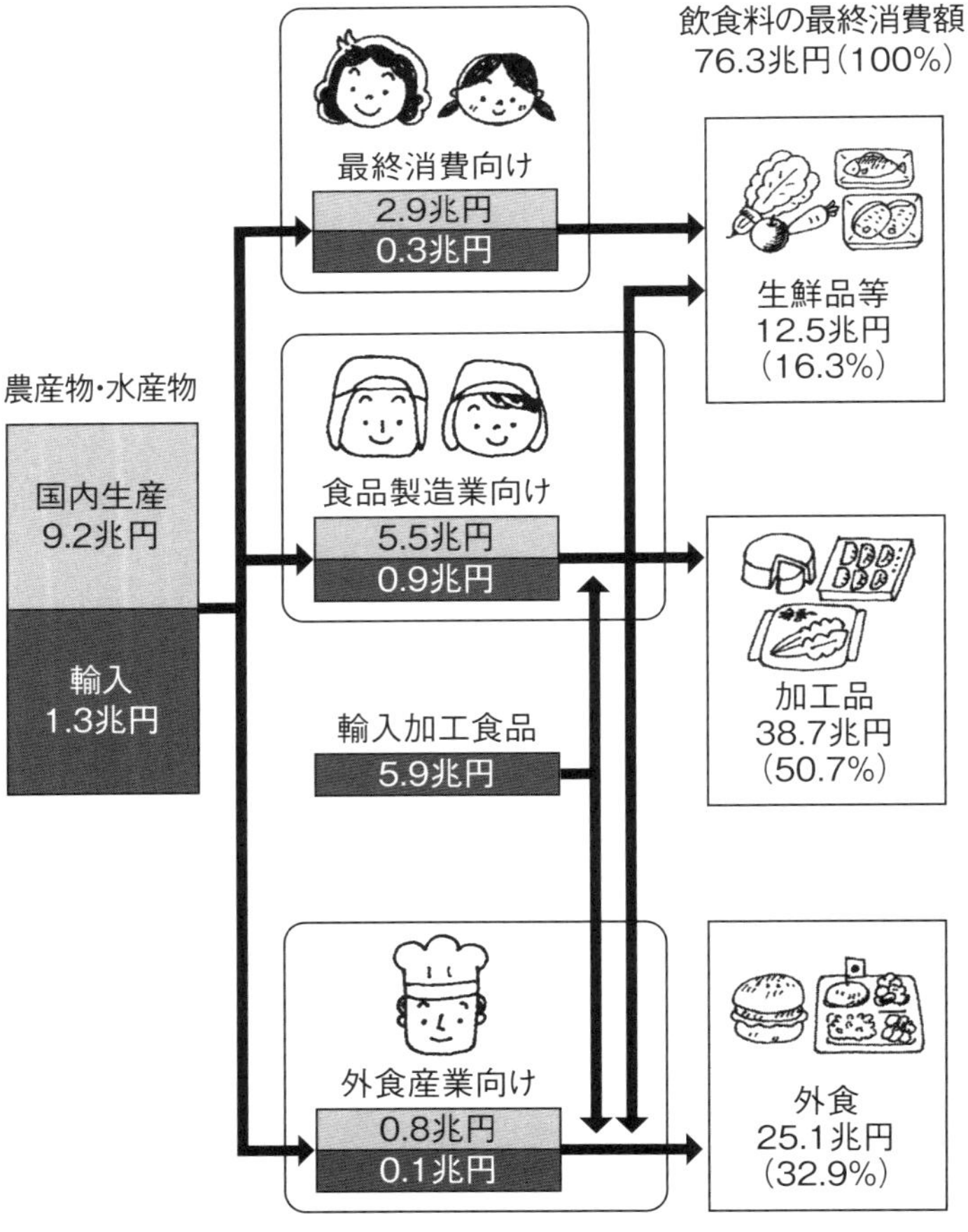

注）総務省ほか10府省庁「産業連関表」を基に農林水産省が推計。

向かう割合はずいぶん小さいんだ。生鮮品とは店で売っている肉や野菜や魚のこと。コメも生鮮品に含まれる。

図３は日本の食料の流れを示したものだが、一番右の飲食費の消費額の内訳から生鮮品への支出が一六％にすぎないことが分かるね。加工品が五一％。半分以上は加工された食品として購入されているんだ。それに外食が三三％。

農業や水産業は食の素材産業であり、その川下《かわしも》には素材を加工する企業が活動している。食品製造業だ。図３は簡略化されているが、食品の加工は一次加工、二次加工、三次加工といったかたちで、いくつもの段階で行われる場合が多い。しかも、多数の加工食品をセットにする工程が加わることも少なくない。コンビニの弁当がその典型だね。

外食産業は君たちにもおなじみだ。飲食費の三割以上が外食に向かっている。ハンバーガーにフライドチキン。そば屋に寿司屋にラーメン屋。洋風、和風、中華の店が町には大小溢《あふ》れている。多彩な飲食店も、農業や食品製造業と消費者を結ぶ産業だと言っていいね。

もうひとつ忘れてはならないのが、農産物や加工食品の流通を担う産業だ。生鮮品の場合、普通は卸売《おろしうり》と小売《こうり》を経由して消費者の手元に届く。加工品は素材から一次加工品、二次加工品へと加工度が高まっていくわけだが、そのあいだをつなぐのも流通業だ。

このように、一番川上《かわかみ》の農業と私たちの食卓のあいだには、加工と流通と外食、つまり食品産業の企業や人材が幾重《いくえ》もの連鎖となって活動しているわけだ。これも一種の距離の拡大と考えることができる。

輸送の距離が拡大し、食品産業が厚みを増したことで、食生活が豊かになったことは間違いない。世界中の食材を味わうことができるし、手間《てま》をかけることなく多彩な調理済み食品を楽しむこともできる。

三限目の授業では、日本の食料消費の中身が大きく変化してきたことを学んだ。肉や卵をふんだんに使った食生活をエンジョイできるようになったわけだが、食べ方がずいぶん変わったことも忘れてはならないね。

そういえば、私の子供時代、おにぎりは家で母親が握ってくれて、土曜の部活や遠足のときなど、家の外でほおばることが多かった。けれども、今は外でおにぎりを買い、家に持ち帰って食べることも珍しくない世の中となった。なかばノスタルジーからだが、これが豊かな食生活なんだろうか、などとつぶやいてみることもある。君たちはどう思うかな。

距離の拡大で見抜きにくくなったインチキ

ふたつの意味で食と農の距離が拡大したことで、食べる側に不安感が醸成《じょうせい》されていることも否定できない。食品の素性《すじょう》がよく分からないことがあるからだ。どこの国で生産されたものなのか。生産されたのはいつなのか。加工するときにどんな添加物が使われたのか。アレルゲンの有無《うむ》が気になる人もいるはずだ。

海外からの輸入品を多く含み、複雑な製造と流通のプロセスを経由する現代の食品の場合、こうした特性を普通の消費者が知ることは簡単ではない。もちろん食品を供給する側はよく分かっている。食品の製造や流通の関係者がプロであるのに対して、消費者はアマチュアだ。

専門用語で、こういう状態のことを情報の非対称と表現する。情報が一方に偏っているという意味だね。情報を理解する力についても、大半の消費者は素人《しろうと》だ。この点にもプロとアマの違いがある。食べる側の不安感には情報の非対称という理由があるんだ。

遠い国の食材が手に入り、さまざまな工夫を凝《こ》らした加工食品が店頭に並ぶことで、豊かな食生活が実現していると述べた。それはそうだが、距離の拡大がマイナスに作用している面もあるわけだ。

農業と身近に接する機会が少なくなったことも、マイナスの要素と言っていいね。アメリカの牧場が食材の原産地であれば、想像はできても、実際に訪れてみること

はまず不可能だ。

食と農のあいだの距離の拡大に加えて、食をめぐるビジネスのスタイルが変わったことも見逃せない。今でも八《や》百屋《おや》さんで聞けば、野菜や果物に関する豆知識を教えてくれるはずだが、現代の小売業の主流であるスーパーマーケットでは、そんな対面販売の持ち味を発揮することはできない。

それに、これは食生活の変化とは別のことだが、かつては都会人の多くが農村出身者だったのに対して、その子供や孫である現代の都会人には、盆と正月に帰る田舎のない人が増えている。社会のこんな変化も、農業や農村に触れるチャンスを減らしているわけだ。

食と農の距離の拡大に対して、さまざまな動きが生まれている。食料を供給する側にも、消費する側にも新しい動きがある。

まず供給側だが、製品に偽りのない情報を添える取り組みが急速に広がっている。国と地方自治体によるチェック体制や罰則も強化された。きっかけは食品の偽装《ぎそう》表示《ひょうじ》が続出したことだ。君たちもニュースで知っていると思う。賞味期限の改《かい》ざんや産地を偽った表示だ。問題となった食品もいろいろだ。菓子や肉類や海産物。老舗《しにせ》の料亭による食材の産地偽装などというのもあったね。

もっとも、インチキが許されないのは当たり前。食と農の距離の問題とは次元が違うんじゃないかと感じた人もいるだろう。たしかにそのとおりで、距離があろうとなかろうと、表示の規則を守るのは当然だ。

ただ、距離が拡大したことが先ほど述べた情報の偏在《へんざい》につながり、そのことがときとして食品の供給側に情報操作の誘因として作用した面は否定できないと思う。残念なことだ。それに、食品情報のアマチュアである消費者にとって、インチキを見破ることがなかなか難しいのも事実だね。

広がる農家の情報発信

過去二〇年ほどを振り返って、日本の農業が技術面で経験した一番大きな変化は何か。私なら、農業からの情報発信だと答えたい。ずいぶん多くの農家が丹精《たんせい》込めた農産物や加工品について、自分で工夫した情報を発信しているんだ。主流はインターネットで、ホームページを開設している農家も少なくない。

農家がグループを作って、会員の消費者に定期的に情報を届けるといったスタイルもある。なかには全国の農家を束《たば》ねた数百戸《こ》のグループもあるんだ。法人経営の中には情報技術を得意とする従業員を採用している例もある。

こんなことは一世代前には考えられなかった。農業だけではない。昔は自前の情報発信を行うのは大きな企業や組織に限られていた。この常識が変わった。うれしいのは、情報発信や顧客とのコミュニケーションの領域では、若者が中心となって活躍している場合が多いことだ。

農業の現場からのダイレクトな情報発信は、農業と農村を私たちに身近な存在にする点で大きく貢献している。情報発信を支えているのは、むろん情報技術のめざましい発達だ。けれども、農業の側にも情報の発信を必要とする変化が生じているんだ。

例えば環境保全型農業《かんきょうほぜんがた》への挑戦がある。高温多湿の日本だ。害虫や雑草には好適な条件だから、農薬を減らす環境保全型農業には高度な技術が必要だし、手間もかかる。農家にしてみれば、余分の手間賃ぐらいは確保したい。これが正直な気持ちだろう。

ところが、環境保全型農業の農産物も、見た目は慣行農法《かんこうのうほう》の農産物、つまり従来どおりの量の農薬や化学肥料を使った農産物と変わるところのない場合が多い。だとすれば、消費者に違いを知ってもらう工夫が必要だ。情報発信力の出番というわけだ。日本の農業は、特色のある生産方法を消費者に積極的に伝える時代を迎えている。

消費者も知りたがっている。どんな生産方法なのか。環境に配慮した農業なのかどうか。その農産物に合った調理方法にも興味がある。当然だね。農場で働く人の安全への配慮について知りたい消費者も少なくないはずだ。

消費者は最終製品の品質だけでなく、それが生み出される生産工程の健全性や製品の賢い使い方にも関心を寄せているんだ。農産物を選ぶときに考慮する要素が広がったと言ってもよい。こんな消費者の感覚に触れるとき、私には、いつしか遠く離れてしまった農業や農村との接点を取り戻そうという心の動きが感じられる。

農業・農村との接点を取り戻す

食と農の距離の拡大に対して、食べる側にも積極的な行動が生まれている。君が地方都市の住民ならば、近くに農産物の直売所《ちょくばいじょ》があると思う。農協《のうきょう》に設けられていることもあるし、道《みち》の駅《えき》に併設《へいせつ》されている場合も多い。時間があったら、休みの日にでも寄ってみたらどうかな。

二〇一〇年の調査結果だが、全国に一万六八〇〇の直売所があるとのこと。市町村が一七〇〇ぐらいだから、市町村平均で一〇の割合だね。大小さまざまだが、けっこう繁盛《はんじょう》している直売所が多い。それだけ立ち寄る客がたくさんいるからだ。ブームと表現するメディアもある。もちろん、一過性のブームでは困るけどね。

直売所の買い物の場合、普段通っている近所の店に比べて往復の時間がかかるし、品揃《しなぞろ》えもけっして十分ではない。車を使えば、ガソリン代もかかる。

それでも直売所には魅力がある。直売とは中間の流通のプロセスを経由しないことを意味する。食と農の距離の短縮そのものだ。

直売所の魅力はそれだけではないと思う。商品に生産者の名前が入っているのが普通だ。生産者の顔写真を掲示している直売所もある。農家の表情と農産物の旬を感じることができる場、それが直売所だ。気軽に農業に触れられるマーケットというわけだ。

農業の体験学習に取り組む学校が増えている。君たちの中にも小学校や中学校で体験学習に参加した人がいると思う。修学旅行で農家に宿泊するプランを組み込む学校も出てきた。こうした取り組みも食べる側の積極的な行動だね。

もちろん、農村の側にしっかりした対応がなければ、積極的な行動も空振りに終わってしまう。幸い、日本の農村には都会育ちの子供を受け入れる機運が着実に広がっている。

酪農《らくのう》の世界では、体験学習活動を実践する教育ファームが二〇〇近くある。私の知りあいの酪農家は手作りの教材で評判を呼び、一年間に児童・生徒に大人をあわせて千人近くを受け入れたという。

体験を希望する側と受け入れる側を結びつける仕組みも整ってきた。例えば「田んぼの学校」の名称で知られる取り組み。参加した人がいるかもしれないね。すでに二〇年近い実績がある。「田んぼの学校」には体験学習の教材作りや交流のネットワーク作りを支援する全国組織もあるんだ。

農業をもっと身近に感じたい。消費者に思いを直接語りたい。双方のこんな願いを結ぶ交流のチャンネルが各地に生まれている。ひとつひとつは小さなつながりで、それぞれに個性もある。そこが魅力だ。

個性的で小さなつながりは、地域ごとに特色を持つ農業にふさわしいかたちだとも思う。小さなつながりであっても、それが束《たば》になったときの力はずいぶん大きなものになるはずだ。

君自身が始める食と農の旅

一連の授業をスタートするにあたって、ホームルームの時間に私が述べたことを覚えているかな。世界の食料市場、日本の農業と農村、それに私たちの毎日の食生活が一挙につながったと指摘した。ただし、三つの場面の結びつきはそんなに単純ではないとも述べた。だから、及ばずながら私自身が案内人を買って出たわけだ。

世界の食料問題を過去から未来に向かう時間軸のうえで考えてみたのが一限目だ。さらに二限目には先進国と途上国を対比しながら、世界の食料問題への理解を深めた。そして、そんな世界の食料問題の見取り図の中で、日本の食料と農業のポジションを確認したのが三限目の授業だ。キーワードは食料自給率だったね。

四限目には、その日本にも勢いのある農業と縮小傾向をたどった農業のあることを学んだ。心配なのが水田農業であることも、よく理解できたと思う。

そして、本書を結ぶこの五限目の授業。ここでは、食料の生産の現場と消費者のさまざまなつながりを考えてみた。むろん、君たちも消費者の一員だ。なかには、消費者であると同時に、生産の現場に近い人もいるはずだ。

世界の食料からスタートし、日本の農業を経由して、消費者である私たち自身のもとに到着したわけだ。というわけで、本書の旅は終わった。案内人としての私の任務もここで終わる。それなりに濃密な旅だったのではないかな。目的地までの道のりを踏破した君たちに、ささやかながら賛辞を送りたいと思う。

本書の旅は終わった。けれども、君たち自身による旅はこれからが始まりだ。君たち自身からスタートして、日本の農業や農村とのつながりを確かめるための旅。やがては世界の食料や農業との結びつきを感じとることができる旅。ルートはそれこそ千差万別だ。明日の早朝に旅立つことになるかもしれないし、じっくりプランを練ったのちの旅であってもよい。どんな旅であろうとも、ここにエールを送るひとりの先輩がいることを覚えておいてほしい。

授業を終えて　少々長めのあとがき

農業や農村に関心を寄せる若者が増えている。たしかにそうだと感じるようになったのは、今から一〇年ほど前のこと。東京大学の農学部長の職に就いた頃だ。普段の仕事場となった学部長室には、何組かの学生がやってくるようになった。「農業のサークルを作ろうと計画しています。アドバイスもらえませんか」であるとか、「立ちあげたばかりの農業サークルでシンポジウムを開くので、講師を紹介してくれませんか」などといったきっかけからだ。

面白いのは、メンバーに農学部以外の学生がけっこう多かったことだ。農学部の学生が農業に興味を抱いているのは当たり前。なかには不本意ながら農学部に進んだけれども、農学に触れているうちに徐々に農業に興味がわいてきたという学生もいる。

では、農学部以外の学生がなぜ農業に関心を持つようになったのか。関心を持つだけでなく、実際に農業や農村に触れる活動に熱心なのはなぜか。正直に言って、答えを持ちあわせているわけではない。学生諸君に尋ねてみたこともない。

おそらく興味のきっかけは多種多様だと思う。ただ、本業の関心から派生している興味という面もあるはずだ。顧問を引き受けていたサークルには家政学部の学生が参加していたが、健康の領域から農業に愛情を注ぐまなざしが感じられた。別のサークルでは法学部の学生が、制度のあり方という切り口から農業・農政に接近していた。

本業のノウハウをうまく活かしている兼業農家《けんぎょうのうか》のようだ。これは褒《ほ》め言葉だ。もうひとこと褒め言葉を付け加えると、自由な発想という点も農学部以外の学生に共通していたように感じる。いや、農学部の学生諸君が石頭だというのではない。ただ、それなりに勉強してきた成果であろうが、農学部の学生には、良くも悪くも、比較的オーソドックスな枠組みで考える傾向があるように思う。

農業に関心を寄せる若者が増えたからといって、そのまま農業に従事する若者や農業関係の職に就く若者の増加につながるわけではない。それでよいと思う。むしろ、普段は農業や農村と距離のある生活を送りながら、その人なりの農業観を持つ大人が増えることを歓迎したい。

農業の魅力に惹《ひ》きつけられる若者は、潜在的にはかなり多いと思う。何かのきっかけがあれば、農業・農村と若い感性のつながりはもっと広がるに違いない。大学生に限らない。むしろ、高校時代に農業や農村に触れるチャンスがもっとあってい い。そんなきっかけづくりに役立つことを願いながら、本書のプランを練った。

ヤンマー株式会社の学生懸賞論文・作文コンクールの審査委員を務めている。二〇年近くになる。最終審査に残った論文はいずれも力作揃《ぞろ》いで、思わず審査する立場を忘れて引き込まれてしまう作品もある。

作文の部には農業大学校の学生が応募する。農業大学校は二年間の実践的な農業教育の場で、略して農大と呼ばれることも多い。大半の県に設置されている。この農大生の作文にもきらりと光る作品が少なくない。これも審査委員としての楽しみのひとつだ。

受賞候補の作品を読んでみて分かったのは、農大の入学者にはさまざまなバックグラウンドの若者がいるということ。非農家出身の学生も少なくない。高校卒業後いったん農業以外の学校に通った経験のある学生もいる。進路の変更というわけである。

何かのきっかけで農業の魅力に触れたこと。それが進路の選択や変更に決定的だったこと。そんなテーマの作文に何度もめぐりあった。みずみずしい感性。けれんみのない筆の運び。読み進みながら、どんな表情をした学生だろうと想像してみたことも一度や二度ではない。

本書の執筆にさいしては、そんな農大生を、したがって農大に進学する可能性のある高校生もつねに念頭においていた。勝手な思いではあるが、長年にわたって受け取った心のこもったメッセージに対して、ささやかながら私なりのお礼の意味を込めたつもりだ。

高校生から大学前半の年齢の若者を、本書の読者として想定した。世界の食料についても、日本の農業についても、予備知識はほとんどないことが前提である。だから、できるだけかみ砕いた説明に努めたつもりだ。ただし、最初に予告したとおり、中身はかなり高い水準の内容を含んでいると思う。専門家がお読みいただければ、この点に同意されることであろう。

手前味噌《てまえみそ》を承知で言えば、農業や食料の問題が一筋縄《ひとすじなわ》ではいかないこともある程度は伝えられたのではないか。農業関係の書物には、ひとつの観点からの思いを込めて論じていくタイプのものが少なくない。けれども、この書物では複眼的な接近を大切にしたつもりである。一面的な見方を提示するのではなく、若い皆さんにみずから考える素材を提供することを心がけた。はたして意図どおりの書物になったかどうか。ここは読者の判断に委《ゆだ》ねることにしよう。

私自身の近年の書物を知る人には、本書はやや意外との印象を与えたかもしれない。それは本書が農業政策の問題に深入りしていない点である。私自身がかなり農政をめぐる議論にコミットしてきたから、意外だというわけである。なかには私を農業政策論の専門家だと誤解している人がいるほどである。それはともかく、本書では政策の問題を本格的に論じることは控えた。

けれども、私自身が政策を考えるさいに日頃から心がけていることが、本書の記述に多少は反映されているかもしれない。それはできるだけ広い視野に立って考える姿勢である。日本の国益を重んじると同時に、途上国の言い分にも耳を傾ける。消費者や納税者の立場からも農政を評価してみる。あるいは、現在の利害得失だけでなく、将来の世代の福祉にも配慮する。要するに、先ほど述べた複眼的な接近である。農業関係者の利益に過度に肩入れした言説や政策は、やがては社会からそっぽを向かれるに違いない。心しておきたいと思う。

そんなわけであるから、農業とは距離のあるところにいる若者にも、本書を手に取っていただきたいと念じている。農業とは別世界の学校に学ぶ若者や、農業や食品とは異なる分野の仕事を目指す若者にとっても、食料と農業についてバランスのとれた知識と自分なりの意見を持つことは大切だと思う。そんな皆さんにもハンディな入門書として活用していただければ、望外の幸せである。

小学生のときの早朝のクワガタとりによって培われた四時起床の習慣が、高齢者の仲間入りをした今も続いている。早起き、そしてひと仕事という生活のリズムがなければ、本書の完成はずっとあとになっていたと思う。今回の新版の作成も早朝からの作業として進めた。

若者を対象とする食料と農業の入門書。メッセージを込めた入門書。そんな企画で意気投合した家の光協会の疋田義敦さんには、チャーミングな初版の制作にご尽力いただいた。また、今回の新版の制作を担当された堀内雄介さんからは、読みやすさなどの観点から多くのサジェスチョンをいただいた。ここに記して、ご両人への謝意を表したい。

初版の準備にさいして、東京大学の研究室の藤村育代さんには、図表の作成や原稿の整理の面でお世話になった。正確で迅速なサポートをいただいたことに、あらためて御礼を申し上げる。

新版の制作にあたって、図表などのデータのアップデイトの作業に、名古屋大学時代の教え子、菅野裕美子さんの力を借りた。菅野さん、ありがとう。

生源寺眞一

二〇一八年 元旦　初日の出とともに

生源寺眞一（しょうげんじ・しんいち）

日本農業研究所研究員。専門は農業経済学。1951年愛知県生まれ。農林水産省農事試験場研究員、同北海道農業試験場研究員、東京大学農学部助教授・同教授、名古屋大学農学部教授、福島大学食農学類教授を歴任。これまでに農村計画学会会長、日本農業経済学会会長、日本学術会議会員などを務める。主な著作に『現代日本の農政改革』（東京大学出版会）、『日本農業の真実』（筑摩書房）、『農業と人間』（岩波書店）、『「いただきます」を考える』（少年写真新聞社）などがある。現在、日本農学アカデミー会長、樹恩ネットワーク会長、中山間地域フォーラム会長、地域農政未来塾塾長。

新版
農業がわかると、社会のしくみが見えてくる
高校生からの食と農の経済学入門

2018年4月1日　第1刷発行
2023年12月20日　第6刷発行

著　者　生源寺眞一
発行者　木下春雄
発行所　一般社団法人　家の光協会
〒162-8448 東京都新宿区市谷船河原町11
電話　03-3266-9029（販売）
03-3266-9028（編集）
振替　00150-1-4724
印刷・製本　日新印刷株式会社

落丁や乱丁本はおとりかえいたします。
定価はカバーに表示してあります。

ISBN978-4-259-51866-0　C0061